動力 1：太

U0053660

1 將太陽能板裝在車頂上，使太陽能板的正負極接觸金屬片。

置於充沛的陽光下，太陽能車即可行走！

在較粗糙而平坦的表面如紙張、布等測試，確保車輪有足夠的抓地力，就能使鹽水＋太陽能車成功行走！

未來守護行動

精簡的內部結構

鹽水＋太陽能車的動力來自摩打，當摩打轉動時，蝸桿也會隨之轉動，然後直接帶動車軸上的齒輪，就可令車輪轉動！

用螺絲接合左右車身，其鬆緊程度會影響蝸桿及齒輪的咬合。因此，如果車輪不轉動，可嘗試調節螺絲的鬆緊，使兩者順利咬合。

摩打

齒輪

轉軸

蝸桿

咦？好像是福爾摩斯先生和華生醫生！

他們駕駛的這輛車樣子好特別啊～

哇～好奇怪的車啊，我也要坐！

沒問題。

3

這輛車跟其他車很不同呢。

是啊，因為它用不同方法產生電力推動。

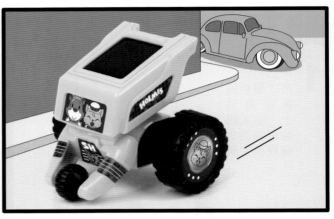

來自光的電能

太陽能一般指光伏太陽能，利用半導體的特性，以光伏效應直接將光能轉化為電能。

現在為車供電的是太陽能。

陽光的成分

牛頓曾用三稜鏡把光線分拆成七彩的顏色 *，那些屬可見光，只是陽光的其中一部分，此外還有其他不可見的「光」。

在物理學中，這些可見或不可見的光一概稱為電磁波，而我們平常說的「光」則專指可見光。電磁波的種類以其「波長」界定，亦即電磁波兩個頂峰的距離（如右圖）。

* 可參閱第 183 期《誰改變了世界》。

無線電波

微波

可見光

紅外線

紫外線

X 射線

伽瑪射線

波長（長）◀ ◀ ◀ ◀ ◀ 波長愈長，其能量也愈低，反之則愈高。▶ ▶ ▶ ▶ ▶ 波長（短）

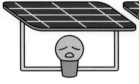

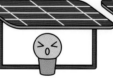

無線電波和微波的能量都太低，不足以用來發電。

而紅外線則只有一部分可被太陽能板使用。

可見光的能量剛好能被太陽能板吸收，並轉化為電力。

紫外光、X 光和伽瑪射線的能量卻太多，太陽能板只能把小部分轉為電力，大部分則轉換成熱能，這樣反而會降低太陽能板的效能。

照射到地面的陽光，大約 44% 是可見光、53% 是紅外線，還有 3% 的紫外光，所以有足夠光能轉為電能。

光伏效應

未來竟有如此神奇的東西，它是怎樣運作的？

太陽能板由兩層半導體製成，再以玻璃等物料包裹，加以保護。

太陽能板內有2層主要由硅組成的半導體，那是介乎於導電體和絕緣體之間的物質，在有光或熱能等能量刺激下才會導電。

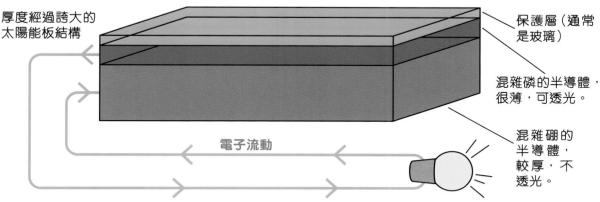

厚度經過誇大的太陽能板結構

保護層（通常是玻璃）

混雜磷的半導體，很薄，可透光。

電子流動

混雜硼的半導體，較厚，不透光。

當兩層半導體的接觸面受光照射時，電子就會產生變化……

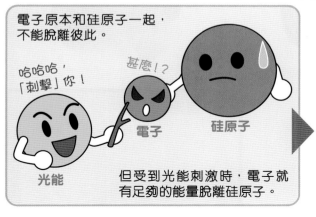

電子原本和硅原子一起，不能脫離彼此。

哈哈哈，「刺擊」你！

甚麼!?

光能

電子

硅原子

但受到光能刺激時，電子就有足夠的能量脫離硅原子。

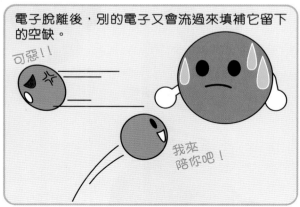

電子脫離後，別的電子又會流過來填補它留下的空缺。

可惡!!

我來陪你吧！

於是，大量自由電子因光能刺激而產生。2層半導體因各加入了磷或硼等雜質，故能誘導這些電子沿外部的電路，由含有磷的半導體走到含有硼的半導體，形成電流。

除了太陽能外，這輛車還能用另一種動力……

不妙！

怎麼了？

鹽水動力轉換！

立即轉為鹽水動力就行了！

1 換上鹽水動力板。

2 再加入 2 至 3 滴鹽水就能令車開始行駛。

那就可以繼續行駛了！

另一邊廂

可惡，追不到啊！

車喝飽了鹽水便可以動，真神奇！

鹽水動力板

　　鹽水動力板是一塊電池，當加入鹽水後，就會發揮作用而產生電力。不過，嚴格來說產生電力的其實並非鹽水！

將鹽水動力板拆開，可看到裏面由 3 層組成。

碳片

不織布

鎂片

⚠️ 請勿自行拆開鹽水動力板，以免接觸到入面的化學物質。

6

電流去向

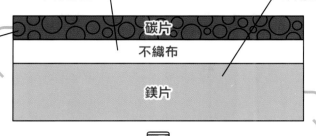

1 碳片由碳及銅等多種金屬組成，表面多孔，可讓鹽水穿過，滲進不織布塊。

2 鎂片由鎂及多種金屬組成，當不織布浸了鹽水，鎂原子因化學作用而釋放電子。

4 水分從碳片取得電子，變成氫氣。

3 電子沿電路流到摩打，驅動鹽水＋太陽能車，並流到碳片。

電子的走向成了一個循環，形成閉合電路，可穩定為摩打供電。

這樣應該夠撐到目的地了。

經過一段時間後，碳片和鎂片上的金屬開始堆積因化學作用生成的副產物。

▶ 碳片上出現藍色和綠色的物質，前者可能是銅的化合物，後者則推斷是鐵或鎳的化合物。

◀鎂片上則有些黑色、灰色和白色的物質，那可能是鋅、鋁或鎂的化合物。

另外，車頂的兩塊金屬片若接觸鹽水，也會產生化學反應，所以在使用完畢後要抹乾。

電池內的金屬儲存化學能，而不同金屬配搭產生的電壓各異。日常生活中的電池以鋅和錳為主，充電電池多用鋰，汽車電池則多用鉛。

在選擇金屬或其他物料作電池的電極時，通常可參考標準電極電勢表來預測電壓。表內部分金屬的排列如下：

鋰　鈉　鎂　鋁　鋅　鐵　鈷　鎳　鉛　銅　銀　金

◀⋯⋯⋯ 適合作負極 ⋯⋯⋯⋯ 適合作正極 ⋯⋯⋯▶

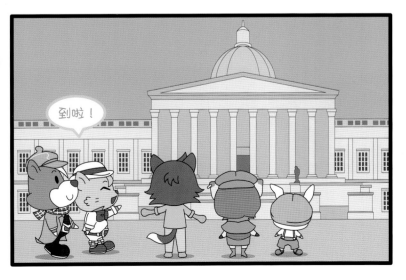

到啦！

吱吱

能源開發情報

即將面世的鋰－硫電池

鋰－硫電池是經改良的鋰電池,其正極由鋰化合物改為硫磺及石墨,可儲存的電能比普通鋰電池多 10 倍,所用的鋰金屬更少,令製造過程產生的污染較低,成本也較便宜。

由於鋰-硫電池壽命較短,目前暫未能作商業用途。但科學家已找到方法延長其壽命,相信可於未來投入市場。

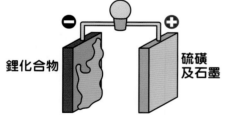

鋰化合物　硫磺及石墨

◀雖然儲電量高,但負極表面會隨時間堆積青苔狀的物質。這些物質會跟電池內的電解質產生化學作用,最終破壞整個電池。

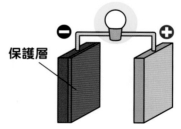

保護層

◀科學家發現在負極表面鋪上一層主要由碲組成的保護層,即可減緩「青苔」產生。

細菌太陽能板

雖然太陽能板發電過程乾淨,但一些太陽能板需要用鎘、鉛等重金屬製造,廢棄後造成環境污染。有見及此,科學家利用藍綠藻的光合作用產生電能,製成細菌太陽能板。

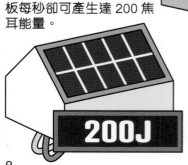

▶現時細菌太陽能板每秒只能產生最多 0.005 焦耳的能量,而一般的太陽能板每秒卻可產生達 200 焦耳能量。

0.005J

200J

不過,藍綠藻一直繁殖,只要有陽光及二氧化碳,就可近乎永恆地進行光合作用,因此細菌太陽能板的壽命非常長。

藍綠藻

太空太陽能測試

把太陽能板放在太空，然後將產生的能量以光波或微波形式傳回地球，就稱為太空太陽能。但礙於技術複雜，目前仍有待研究。在今年5月17日，美國海軍研究實驗室用X-37B太空飛機把太空太陽能板帶到低地軌道，以測試其效能。

實驗室測試用的太陽能板

Photo by U.S. Naval Research Laboratory

▲太空太陽能板約在2000公里高空的低地軌道收集太陽光，並把光能轉化為微波，射回地面。

未來的太陽能構想

在一些科幻故事中，大量太陽能板被放置在恆星的軌道上，用來收集它發出的能量。這種裝置最先在奧拉夫‧斯塔普雷頓於1937年出版的科幻小說《造星者》出現。

物理學家弗里曼‧戴森其後發表論文，指出人類可查看恆星有沒有這類裝置，從而尋找外星生命。這樣此構想的名聲不脛而走，後來人們更用「戴森」來命名這類裝置。

戴森雲和戴森泡

將無數太陽能板放在圍繞恆星的軌道上，即成為「戴森雲」（Dyson Swarm）。此外，更可將其安裝在一條條「軌道環」上，成為「戴森泡」（Dyson Bubble）。

戴森球

如果進一步用巨大的太陽能板覆蓋大部分甚至整顆恆星，就成為「戴森球」（Dyson Sphere），這樣，就幾乎可完全收集恆星的能量。

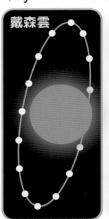
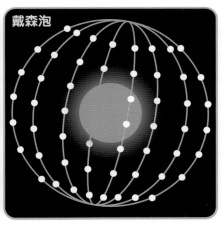

戴森雲　戴森泡

當然，這些都只是構想，以目前的技術來說難以實行呢。

打個電話給我不就行了嘛。

這個年代又沒發射塔，哪來訊號？

還以為有人對我們不利，看來被耍了。

哈……但任務總算完成了，多謝你們啊。

海豚哥哥 自然教室

動物

環保生態協會 Eco Association

辛勤的

黑領椋鳥

最近經常都見到你們的身影呢！

是呀，我們剛築起了新巢，現在又忙於覓食了！

©海豚哥哥Thomas Tue

　　黑領椋鳥（Black-collared Starling，學名：*Gracupica nigricollis*）是一種大型椋鳥，黑色的頸項是其特徵。牠們的頭部和腹部呈白色，眼睛周圍呈黃色，喙部則是黑色，背部和翅膀有深褐色和灰褐色的條紋，腳部為淺灰色。牠們身長約28厘米，體重約160克，愛吃穀類、昆蟲和蚯蚓。主要分佈在中國南部、香港和東南亞等地區，喜歡在草原、郊外或市區的樹上棲息，數量仍在增加。

©海豚哥哥Thomas Tue

▲黑領椋鳥常於地面活動和覓食，且是挖蟲高手，能活吞一條蚯蚓。

©海豚哥哥Thomas Tue

▲牠們喜用樹枝、草，甚至搭棚用的膠帶在樹枝間築巢，非常顯眼。另外，牠們於四月至八月繁殖，一般產下3至5個鳥蛋。

巢

黑領椋鳥

©海豚哥哥Thomas Tue

▶其鳴聲非常響亮，嘰嘰喳喳，有時令人感到非常刺耳呢。

©海豚哥哥Thomas Tue

世界自然保護聯盟（IUCN）將黑領椋鳥評估為關注最少的物種，原因可能是其適應力甚強。

收看精彩片段，請訂閱Youtube頻道：「海豚哥哥」
https://bit.ly/3eOOGlb

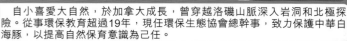

海豚哥哥簡介

f 海豚哥哥 Thomas Tue

自小喜愛大自然，於加拿大成長，曾穿越洛磯山脈深入岩洞和北極探險。從事環保教育超過19年，現任環保生態協會總幹事，致力保護中華白海豚，以提高自然保育意識為己任。

旋轉幾何幻變畫

科學 DIY

伏特犬和蝸利略到畫廊參觀，他們發現了一幅奇怪的畫，它每隔一段時間就會變得不一樣……

製作難度：★★★☆☆

製作時間：約 30 分鐘

嘻嘻！

咦？畫不同了？

好暈！

製作方法

材料：紙樣　　　工具：膠紙、剪刀

1 剪下 4 張紙樣，以 A 對 A、B 對 B、C 對 C 及 D 對 D 的方式用膠紙黏合。

注意直角在下方。

A

糟糕，玩出火了！

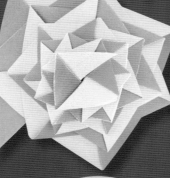

本 DIY 由 Assia Brill 設計
www.assiabrill.com
想知更多可參閱她的著作
《Curlicue : Kinetic Origami》

2 向下對摺左下角的粉紅色三角形。

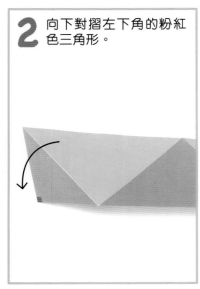

3 如圖向上對摺。

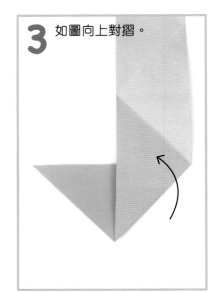

4 如圖對摺，對齊中間橫線。

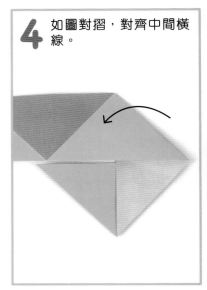

5 如圖對摺。

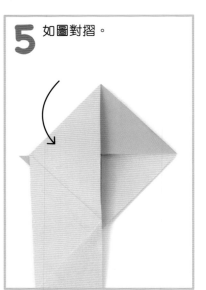

6 如圖對摺。

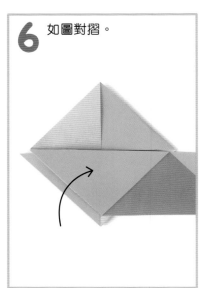

7 重複步驟3至6，摺出餘下7層。

8 剪走多餘的紙條。

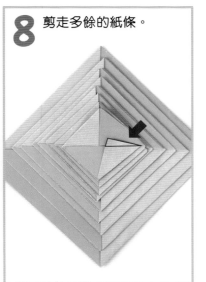

9 如圖拉開紙條至第一層。

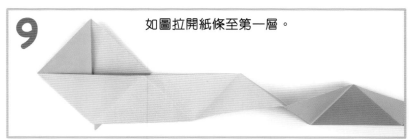

10 把後面的綠色三角形拉到前面，覆蓋黃色的一面。

11 如圖翻到另一面，沿右上角的斜摺痕向下反摺。

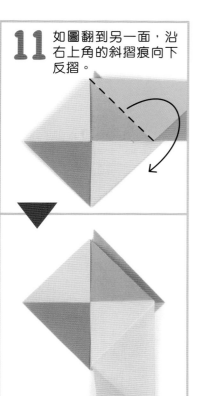

12 逆時針旋轉 90°，同樣沿右上角的斜摺痕向下反摺。

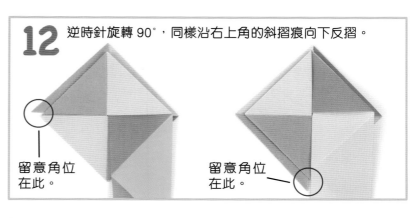

留意角位在此。

留意角位在此。

13 重複步驟 12，最後如圖向下反摺。

完成！

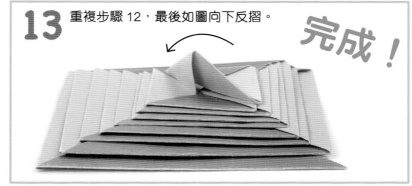

玩法

▶左手握着紙張，右手順時針旋轉每一層，就會產生不同圖案！

◀呈螺旋形。

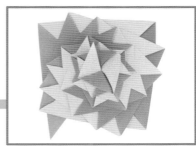

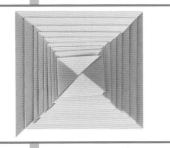

▲逆時針旋轉，就能回復原狀！

若要固定圖形，旋轉一層後要按實，然後才轉動另一層。

▲變成金字塔！

◀塔變得更高了！

13

隨處可見的碎形

幻變畫所呈現的圖案都具備碎形的特性。

碎形是結構精細、與自身相似的形狀，其一小部分和整個圖案很相似。

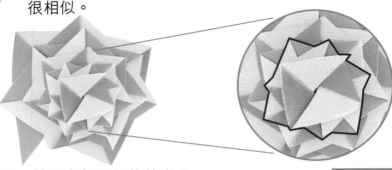

◀放大圖形的其中一部分，就會發現它跟整體的形狀相同。

大自然有很多碎形，其圖案都具規律的變化。

▲蒲公英的小白傘跟整體結構相同。

▲螺旋也是碎形，如左圖的鸚鵡螺貝殼及右圖的颱風。

螺旋與畢氏定理

螺旋也跟數學有關呢！

畢氏定理由古希臘數學家畢達哥拉斯發現，對找出物件長度、距離、位置等很有幫助，定理指出：

直角三角形的斜邊 ^{2} ＝ 底邊 ^{2} ＋ 高 ^{2}

斜邊 ＝ $\sqrt{\text{底邊}^2 + \text{高}^2}$

斜邊、高、底邊

例

$$斜邊^2 = 3^2 + 4^2$$
$$斜邊 = \sqrt{3^2 + 4^2}$$
$$= \sqrt{9+16}$$
$$= \sqrt{25}$$
$$= 5$$

3

4

利用畢氏定理，還可畫出由許多直角三角形組成的螺旋鸚鵡螺！

① 畫一個直角三角形，底邊和高各長 1cm，斜邊就是 $\sqrt{1^2+1^2} = \sqrt{2}$（約 1.41cm）。

② 第 2 個直角三角形高 $\sqrt{2}$cm，底邊長 1cm，斜邊就是 $\sqrt{1^2 + (\sqrt{2})^2} = \sqrt{3}$（約 1.73cm）。

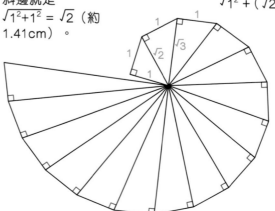

③ 以上一個三角形的斜邊為高，底邊為 1cm，並用畢氏定理計出斜邊，繪畫多個直角三角形，就會呈現出鸚鵡螺的形狀。

紙樣

沿實線剪下　黏合處

A

B

C

D

16

牛油蠟燭

所需物品：牛油、廁紙
工具：碟、刀、牙簽、點火器（或火柴、打火機）

1 用刀把牛油切成長、闊、高各 5cm 的正方體，然後放在碟上。

⚠ 請在家長陪同下使用利器。

2 用牙簽在牛油中央開孔。

3 製作燭芯。

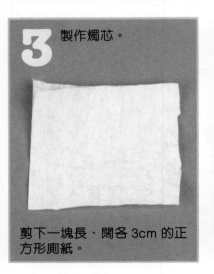

剪下一塊長、闊各 3cm 的正方形廁紙。

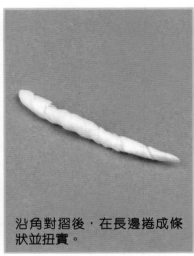

沿角對摺後，在長邊捲成條狀並扭實。

4 沾點牛油塗抹在廁紙條上，再將其插進孔洞。

5 用點火器點火，等候數秒才關上點火器。

成功點燃蠟燭！

蠟燭能燃燒約10分鐘，牛油愈大則能燃燒愈久。

18

蠟燭如何燃燒？

燭芯

　　以棉線、竹條等纖維物料製成，用來點火，亦可吸濕。

蠟質

　　由固態的蠟油製成，現今多用石蠟。

愈接近火焰內部，氧氣就愈少，令液態蠟難以燃燒，故火焰溫度會愈低和愈暗淡。

3 液態蠟蒸發成氣態蠟，在空氣中燃燒發出燭光，並產生熱力、二氧化碳和水氣。

2 液態蠟沿着纖維慢慢向上升至燭芯頂部，稱為毛細現象。

*有關毛細現象，請參閱第179期的「科學實驗室」。

1 點燃燭芯後，燭芯附近的蠟受熱融化成液體。

蠟質的替代品

牛油

蜂蠟

▲牛奶中分離出來的脂肪稱為奶油，奶油經攪拌後變成固體，就成為牛油。氣化的牛油成為燃料，讓蠟燭燃燒。

▲古代的油燈或藏傳佛教寺廟中的酥油燈，都曾使用過牛油作為燃料。上圖為酥油燈。

▲除了牛油，以往也曾用其他生物的分泌物製成蠟質，如蜂蠟（即工蜂分泌的蠟）。上圖為蜂蠟製成的蠟燭。

19

麥片和萬字夾的聚散

所需物品：水、麥片、萬字夾
工具：碗 2 隻、竹簽

1 放入麥片。

把水倒進碗，並逐次放入一塊麥片，再觀察它們的互動情況。（把它們放在牛奶中也有相同效果。）

麥片在中間或碗邊聚集。

2 準備另一隻盛水的碗，放入萬字夾，萬字夾會沉入水底。

3 令萬字夾浮在水面。

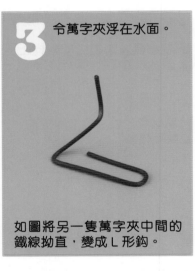

如圖將另一隻萬字夾中間的鐵線拗直，變成 L 形鉤。

取出沉在水底的萬字夾，放在 L 形鉤上，手執 L 形鉤的最頂端。

慢慢把萬字夾放到水面，從下移走 L 形鉤，萬字夾浮起來了！

4 放入更多萬字夾，小心不要攪動水面，令萬字夾下沉。

萬字夾靠近彼此，聚在碗中間！

5 慢慢把一塊麥片放入裝有萬字夾的碗邊緣，用竹簽將其移近萬字夾。

麥片竟把萬字夾推開！

⚠ 不要吃碗中的麥片！

令物件浮起的兩種力量

麥片的密度比水低，故能浮在水面，而萬字夾因水的表面張力才能浮起。

水分子會互相吸引，在水面形成一股表面張力。在物件如碗或其他浮水物體的邊緣，其表面張力最大，故水會沿其邊緣彎曲。

▲近看浮在水中央或碗邊的麥片，可見它們旁邊的水稍微向上彎曲，稱為半月形效應（meniscus effect）。

浮水物體會被推到離其最近的表面張力最高點，故麥片會在碗邊或水中央聚集，稱為喜瑞爾效應（Cheerios effect）。

跟麥片相反，萬字夾旁的水向下彎曲。萬字夾會聚攏，是因它們向彼此水位較低的凹槽下沉。

▲萬字夾的密度比水高，理應不能浮起，但水面的水分子因表面張力而互相拉扯，就如一塊薄膜般，能承托起密度比水稍高的輕量物體。

而麥片會推開萬字夾，是因浮水物體傾向留在水位較高的地方，亦即表面張力較大之處，故它會避開重物旁的低點。

現實生活中，水生昆蟲常借助喜瑞爾效應離開水面。

某些昆蟲如萬字夾般因水的表面張力才能浮在水面，故牠們身旁的水因重力向下彎曲，令牠們不能離開水面。

走不了！

於是，牠們曲起身體，如麥片般令身旁的水向上彎曲，這樣就能被推到水邊，亦即最近的表面張力最高點了！

成功逃脫！

藏寶圖失竊記

我的藏寶地圖不見了！要問問我的管家頓牛！

你說謊！快還來！

我把它放在圖書館第5排第3格那本灰色書的85及86頁中間。

Q1 到底愛因獅子如何識破頓牛的謊言？

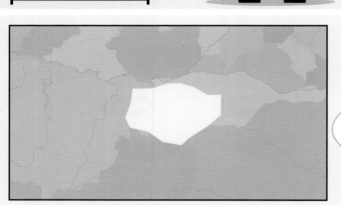

哈哈，我是怪盜頓牛！有本事就把真正的欠缺部分找出來吧！

竟然少了一塊？

Ⓐ Ⓑ Ⓒ Ⓓ Ⓔ

Q2 請幫助愛因獅子找出地圖真正缺少的一塊。

只要你找出這部分的面積，我就幫你一起尋寶吧！

Q3 你能告訴愛因獅子如何在不損壞地圖的情況下，找出這部分的面積？

這種不規則的形狀該怎麼計算？

答案就在P.60！

福爾摩斯 精於觀察分析，曾習拳術，是倫敦最著名的私家偵探。

華生 曾是軍醫，樂於助人，是福爾摩斯查案的最佳拍檔。

大偵探 福爾摩斯
SHERLOCK HOLMES
科學鬥智短篇㊻ 芳香的殺意(1)

厲河=改編　鄭江輝=繪

奧斯汀・弗里曼=原著　陳沃龍、徐國聲=着色

「華生，你有看過這段新聞嗎？」福爾摩斯拿着**晚報**坐在沙發上，咬着煙斗問。

「甚麼新聞？」華生問。

「**警犬**破案的新聞。」

「甚麼？警犬破案？」華生好奇地問，「沒看過啊，是甚麼案子？」

「一起兇殺案，發生在小鎮**貝斯福**。兇手還是個現役警察，叫**傑克・艾利斯**。死者是他以前當獄警時的同僚，叫**米高・普拉特**，據說兩人一向不和，普拉特曾揭發艾利斯行為不軌，令艾利斯**懷恨在心**。」

「警犬抓警察嗎？太神奇了，這案子在當地一定很轟動吧？」華生探過頭去看。

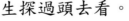

「嚴格來說那些不是真正的警犬啦。」福爾摩斯看着報紙說，「報上說當地有個叫**奧格曼**的退役將軍，他養了幾隻經過訓練的狼狗，憑着人的氣味就能進行追蹤。由於現場留下了一把**兇刀**，那些

23

警犬跟着兇手留在兇刀上的**氣味**，一直追蹤到當地的警察局，把艾利斯逮住了。」

「原來如此，那幾頭狼狗也真厲害呢。」華生佩服地說。

「不過，除了警犬追蹤到艾利斯外，並沒有找到**其他證據**。所以，仍未算真正破案，看來警方還要花一番工夫調查呢。」

「警犬憑嗅覺辦事，絕不會說謊，要是艾利斯留下了氣味，牠們應該不會**冤枉好人**吧？」

「嘿嘿嘿，警犬確實不會說謊，但也不會說話啊。」福爾摩斯開玩笑似的說，「牠們只是嗅到艾利斯身上的氣味與兇刀有關罷了，並沒有說兇手就是艾利斯呀。我看嘛，單憑警犬的反應就指控一個人是兇手，有點**不靠譜**啊。」

「是嗎？」華生斜眼望了一下老搭檔，「你這算是**大義滅親**，連自己的近親也不幫乎？」

「你**暗諷**我是一條狗嗎？太可惡了！」福爾摩斯罵道。

「哈哈！你常常**譏諷**我，這次終於知道被人諷刺的滋味吧？太開心了！」華生得意地大笑。

不過，這時他並不知道，福爾摩斯的質疑是有道理的……

兩天前，一列火車從倫敦開往貝斯福，當開過路軌的接駁處時，一下激烈的**顛簸**，把正在一個包廂內打瞌睡的彭伯雷震醒了。

他揉揉眼睛，看了看身旁小兒子，問道：「**小吉**，還沒看完**福奇太太**送給你的書嗎？」

「嗯。」小吉點點頭，但眼睛仍牢牢地盯着手上的書本。

「顛簸得這麼厲害，對眼睛不好啊。」彭伯雷向小兒子說。

「嗯。」小吉應了一聲，並沒有理會父親的忠告。

彭伯雷慈祥地笑了笑，從旅行袋中掏出一個橘子，剝掉皮後，遞了一瓣給小吉：「吃吧。」

小吉接過橘子，塞進口中咬了幾口，皺起眉頭說：「有點酸。」

「是嗎？」彭伯雷也往自己嘴裏塞了一瓣，「唔！果然有點酸呢。那個小販說保證很甜，原來是騙我們。」

「嗯。」小吉應着，但眼睛仍沒有離開書本。

「真是個書蟲。」彭伯雷沒好氣地說，「還要不要吃？」

「不吃了。」

「不吃了嗎？」彭伯雷說着，搖了搖頭，就自顧自地把橘子吃光了。

在倫敦玩了一整天，實在有點累，不一刻，彭伯雷又迷迷糊糊地睡着了。

不知道睡了多久，突然，「咔」的一聲，一下急劇的顛簸又把他震醒了。他張開眼睛時，不禁赫然一驚。一個胖墩墩的陌生人不知何時已坐在他的對面，臉上掛着一絲不懷好意的奸笑，還目不轉睛地看着他。他看看身旁的小吉，發覺小吉已靠在車窗旁邊睡着了。

「先生，這是包廂。你走錯車廂了吧？」彭伯雷不客氣地向胖子說。

胖子沒有回答，仍是笑盈盈地看着他。

彭伯雷懊惱地心想：「怎麼這個人那麼沒有禮貌，坐進人家的包廂，還**直勾勾**地看着人家。」

於是，他冷冷地警告道：「先生，我說你進錯了車廂，要不要叫乘務員來檢查一下你的車票。」

「嘿嘿嘿，我勸你不要那麼做。」胖子**笑嘻嘻**地說。

「我也不想有失斯文，但你坐進我的車廂，還目不轉睛地看着人家，是否有點過分了？」彭伯雷壓着怒氣說。

「嘿嘿嘿，我只是想看清楚你那張**臉**罷了。」

「甚麼？」彭伯雷沒想到對方會這麼說，不禁愕然。

「別生氣，我認字能力不強，**認人**倒很擅長。不過，為免弄錯，也得近距離看個清楚。」胖子**滔滔不絕**地說，「要知道，始終事隔多年，記憶有時不太可靠，必須再三觀察才敢確定。你剛才說話的神態，加深了我的自信，我沒有認錯。嘿，怎麼說呢？人說話時的**神態**嘛，比沉默時更能顯露一個人的**特徵**，不到你不信。」

「你究竟想說甚麼？」彭伯雷不耐煩地問。

胖子往沉睡着的小吉瞥了一眼，說：「啊，對不起，我看來說得有點含糊了。不過，這個地方或許會勾起你的記憶。我說的是**波特蘭**，對，是**波特蘭**。」

彭伯雷聽到這個地名，不禁心頭一顫，只好強裝鎮靜地說：「波特蘭？我知道這個地方，跟我有甚麼關係？」

「波特蘭有所叫霍洛威的**監獄**，真是個鬼地方，我曾在那兒當**獄警**，太受罪了，我還呆了幾年呢。」胖子**閒話家常**似的憶述，「惟一能舒解一下悶氣的，就是到城裏去辦事的那一兩個小時，嘿，簡直就像**出獄**一樣。啊！不對，我是獄警，不是監犯。嘿，想起來，其實兩者的差別也不太大呢。」

胖子說到這裏，又看了一下小吉，然後才說：「**你明白我的意思吧。**」

彭伯雷心裏非常不安，正**揣摩**着該如何回答之際，小吉移動了一下身體，揉了揉眼睛，半開着眼睛醒過來了。

彭伯雷看了看小吉，又看了看對面的胖子。胖子像意會似的，往小吉瞥了一眼，又**笑盈盈**地望着彭伯雷。

「爸爸，我要上廁所。」小吉好奇地看了看胖子，然後對父親說。

「你知道廁所在哪裏嗎？就在這個車卡的盡頭，小心點啊。」彭伯雷挪開膝蓋，讓出一條路。

小吉站起來，再看了胖子一眼，就越過兩人，拉開門出去了。

胖子待門完全關上後，才開口說：「我叫**普拉特**，年輕時很瘦，你可能不認得我，但我認得你。嘿，我說過嘛，我在認人方面有**過目不忘**的天賦。」

「先生，我想你一定是**認錯人**了。」

胖子沒理會彭伯雷的否認，仍自顧自地說：「你在那裏呆了多久呢？2年？3年？算了，呆多久沒關係，重要的是你離開那裏已**12年**了。」

彭伯雷默默地聽着，但額上已滲下了一滴冷汗。

「我還記得，那個晚上相當冷，跳海逃走可說是**九死一生**。但第二天早上，我們只看到被沖上了岸的**囚衣**，卻沒看到你的屍體。」胖子以讚歎的語氣說，「太厲害了，實在佩服，沒想到在冰冷的海水中也能逃脫。你大概不知道吧？你逃獄的事轟動了整所監獄，

27

叫那些囚犯們興奮了好幾天呢。」

「你的故事很有趣，但很可惜，跟我沒有關係。」彭伯雷冷冷地說。

「是嗎？那麼，你該聽過這個名字吧？」胖子**出其不意**地說，「**弗朗西斯·多布斯先生**。」

「啊！」一聽到這個名字，彭伯雷的臉色刷地變白。

「我知道，你仍在逃犯名錄中，只要到當地的罪犯檔案處核對一下，就能證明你的**身份**。」

「……」彭伯雷已找不到言詞反駁。

「不過，事情已過了這麼久，你的事早已被忘得**一乾二淨**了。當然囉，你自己不會那麼輕易忘記吧？」胖子笑盈盈地說，「所以嘛，為免勾起大家的回憶，花點**掩口費**是必須的。你已發了財，該不會吝嗇那麼一點點吧。」

彭伯雷想了想，問：「多少？」

「1年**200鎊**如何？你該負擔得起的。」

「你怎知道我負擔得起？」

「我已調查了幾個月，反正我住的地方離你家不遠，跟蹤也很方便。」

「你**跟蹤**了我幾個月？」

「沒錯，我在貝斯福一棟小房子當看門人，那是**奧格曼將軍**的物業，但他很少住在那裏。幾個月前，我在路上碰見你，馬上就把你認出來了。**鳳凰無寶處不落**，我摸清了你的底細，知道你相當有錢。我也知道，你是在兩年前和6歲的小兒子搬來的。他現在已**8歲**，沒有上學，是一個家庭教師為他上課。此外，還有一個50多歲的大嬸，每天早上7點到傍晚6點在你家做家務，對吧？」

彭伯雷沒想到被人查得**一清二楚**，但自己卻**懵然不知**。

　　「嘿嘿嘿，幸好我有認人的天賦，要是跟**傑克‧艾利斯**一樣糊塗的話，肯定會走漏眼。」

　　「傑克‧艾利斯？」彭伯雷立即記起這個名字，「就是那個非常暴戾、常因小事就把囚犯痛打一頓的傢伙嗎？」

　　「嘿，你忘了我，卻記得他。這也難怪，當年囚犯們一聽到他的名字都**聞風喪膽**，但**惡有惡報**，他有一次遇到反抗，被咬斷了**左手的食指**。當局怕他與囚犯再起衝突，就把他辭退了。後來，他回到貝斯福警察局當差，這兒是他的家鄉嘛。」

　　「你沒把我的事透露？」

　　「嘿，我哪會這麼笨。」普拉特**笑盈盈**地說，「你是我的，我可不想別人走來**分一杯羹**啊。何況我跟他還有點過節，他調戲我們那兒的女僕嘛，當然要投訴他。我雖然也是單身，可不像他那麼不守規矩。」

　　「原來如此。」彭伯雷想了想，又問道，「你剛才說的那位奧格曼將軍，我好像也聽過他的名字。」

　　「那當然囉，他是位**赫赫有名**的將軍，最出名訓練**軍犬**。嘿，要是當時是由他當監獄長的話，你一定逃不了。」

　　「為甚麼？」

　　「你不知道軍犬有多厲害嗎？牠們只要嗅一嗅你碰過的東西，就能憑**氣味**進行追蹤，就算你跑到幾十哩之外，也能把你追回來。」

　　「這麼厲害？」彭伯雷的腦裏「**叮**」的一下，閃過一個念頭，於是又問道，「將軍還有養軍犬嗎？」

　　「這是他的嗜好，當然還在養。不過，他已從軍中退役，現在把牠們稱為**警犬**。」普拉特好像已忘了自己的目的，**滔滔不絕**地說，「嘿，將軍也**好管閒事**，他一直在盼望小鎮發生一兩起罪案，可以讓他的警犬大顯身手。可惜的是，他還未碰到這種機會。」

「是嗎？我也想見識見識牠們的威力呢。」彭伯雷**若有所思**地說。

「**言歸正傳**，你還沒回答我的正經事呢。」普拉特又**笑盈盈**地說，「怎樣？1年200鎊，老相識一場，我也不想為難你，可以分4期支付。」

「事出突然，可以讓我考慮一下嗎？」

「還用考慮嗎？」普拉特霎時收起笑容，「給你**一天**時間吧，我明天晚上去你家找你，到時必須給我一個回答。」

「謝謝你，但去我家可不好，我已斷絕了過去的關係，以往的親戚朋友也不知道我住在貝斯福。」彭伯雷說，「所以，最好不要讓我們扯上關係，能找個**僻靜的地方**嗎？」

「唔……也有道理。」普拉特想了想，「那麼，通往將軍那小房子的路上會經過一條**林蔭道**，它的兩頭各有一道鐵閘，都沒上鎖。你明晚8點在那兒等我吧。」說着，普拉特掏出一張紙，畫了一張地圖。

彭伯雷接過地圖看了看，有點擔心地問：「我知道這個地方。不過，那些**警犬**不會走出來巡邏吧？」

「放心，將軍不會容許他的**寶貝狗**到處走。他不在家的時候，我都會把牠們關起來。」說着，普拉特站了起來，加重語氣**一錘定音**，「明晚8點，別失約啊！」

他打開了廂門，正想出去時，卻看到小吉站在門口。

「嘿，剛好，我和你爸已談好**生意**了，再見。」普拉特捏一捏小吉的臉蛋，側身走出了車廂。

小吉也回了聲「**再見**」，就回到自己的座位上去了。

門關上後，彭伯雷以為可以鬆一口氣，但沒想到，那道門又突然打開了，普拉特把頭伸進來，**笑盈盈**地說：「大家是老朋友，可別耍花樣啊。為表誠意，你最好先帶第一筆來。」說完，還向小吉俏皮地打了個**眼色**，才把頭縮回去，吹着口哨走了。

「爸爸，那胖子是甚麼人？」小吉問。

「啊，他嗎？是很久以前認識的人。」彭伯雷**含糊其辭**。

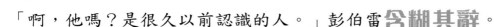

「**我看他像個壞人。**」

「是嗎？他看來像個壞人嗎？」彭伯雷有點慌了，連忙說，「他長得像壞人罷了，別擔心，他雖然不是好人，但也不是壞人。你別多想，看書吧。」

「嗯。」小吉拿起**書本**，默默地看起來。

彭伯雷心想：「幸好小吉沒聽到剛才的對話。他雖然還小，但一定能聽出當中的意思，要是讓他知道我當年的秘密，那就麻煩了。」

原來，彭伯雷年輕時因衝動犯了**誤殺罪**，被判監20年。但在12年前的一個夜晚成功越獄，逃去了美國。他在彼邦**洗心革面**，做生意賺了錢，又娶了個漂亮的妻子，誕下了小吉。可是，妻子幾年前患癌去世。為免**觸景傷情**，加上**思鄉情切**，他就決定回國。兩年前，他花錢弄了個假的身份，帶着小吉來到了貝斯福，在這小鎮郊外買了一棟不大不小的房子，避開一切社交，過着隱居般的生活。

「沒想到，竟然遇上了那傢伙。」彭伯雷陷入了沉思，「1年200鎊雖然付得起，但勒索者都**貪得無厭**，難保他不會過幾天又來勒索，必須想個**一勞永逸**的辦法，消除這個隱患。」

不過，這個辦法必須避免暴露自己，否則這麼多年來的逃亡就會

前功盡廢，還會連累小吉失去一個溫暖的家。本來，行事謹慎的他會花些時間去調查普拉特，但現在已沒時間了，他必須從**有限的情報**中找出有用的元素。警犬是其一，他剛才一聽到就覺得可加以利用。其次是普拉特與艾利斯的恩怨，會令整個行動合理化。其三艾利斯是個**警員**，要接近他很容易。

火車隆隆地在鐵路上飛馳，彭伯雷的腦袋也沒有一刻停下來，當到達貝斯福車站時，他的構思已全部完成，只待**如何執行**而已。

回家後，他首先安頓好小吉，然後**馬不停蹄**，乘馬車到二三十哩外的幾個小鎮去搜購物資。他知道，物資必須分散到不同地點去搜購，否則將來出事了，就很容易被警方追蹤到。

傍晚回到家裏時，他已買到了以下**8種**物件：

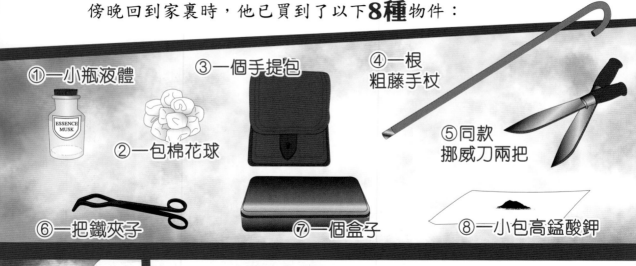

① 一小瓶液體
ESSENCE MUSK
② 一包棉花球
③ 一個手提包
④ 一根粗藤手杖
⑤ 同款挪威刀兩把
⑥ 一把鐵夾子
⑦ 一個盒子
⑧ 一小包高錳酸鉀

到了**夜闌人靜**之時，待小吉熟睡了，他才躲到木工房中工作起來。首先，他除下粗藤手杖的腳套，在腳套上鑽一個**小孔**。然後，用銼刀在手杖末端挖出一個**洞**。接着，他把一個**棉花球**塞進洞中，再把腳套套回去封好。之後，他拿起其中一把挪威刀，用小刀刮去木製**刀柄**上的一塊**漆**。

「好了，最重要的工序來了。」他正要伸手去取那瓶**液體**時，身後卻傳來了一個聲音。

「爸爸，你在玩甚麼？」小吉站在門口，揉着眼睛問。

「啊，沒甚麼。」彭伯雷慌忙說，「我睡不着，想**打磨**一下剛買回來的**手杖**。」

「我也睡不着啊，你可以陪我睡嗎？」

「好的，我來陪你睡吧。」彭伯雷放下手上的刀站起來，抱起小吉離開了木工房。他知道，不能讓小吉看到他在做甚麼，因為這是**嚴重罪行**，是會**死人**的。

翌日，吃過早餐，彭伯雷吩咐幫傭的大嬸照顧小吉後，在工作間呆了一會，就拿着昨天買來的**手杖**和**手提包**離開家門，直往當地惟一的警察局走去。不過，他拿着手杖時顯得**小心翼翼**，故意握着手柄下方幾吋的位置，讓自己垂下手時，手杖的末端也不會碰到地面。

去到了警察局，他從門口往內張望，見到一個**警察**背向着他坐在一辦公桌前，好像正在寫甚麼。他正在思考要不要走前去查看時，突然，那警察舉起雙手伸了個**懶腰**。

彭伯雷看到了，他的右手拿着一枝筆，而張開的左手上，只有四隻手指，沒有了**食指**！

「得來全不費工夫，那人一定

呵欠！

就是普拉特口中的**艾利斯**！」彭伯雷想了想，立即拴着手杖，「啲、啲、啲」地走了進去。

彭伯雷走到那警察背後，以手杖用力地在他腳旁「啲」的一聲戳了一下，問道：「這

啲

33

位警察先生，可以打擾你一下嗎？」

那警察轉過頭來，滿臉牢騷地問：「有甚麼事？」

果然是艾利斯！彭伯雷一眼就把他認出來了，他不可能忘記一個曾經把自己打得**死去活來**的人。

「沒甚麼，只是想問問附近有沒有意大利餐廳罷了。」彭伯雷堆起笑臉問。

「甚麼？意大利餐廳？這附近多的是，自己去找找吧。」艾利斯**粗聲粗氣**地答完，又回過頭去寫東西了。

「對不起，打擾了。」彭伯雷說着，又「啲、啲、啲」地拴着手杖離開了。

「一如普拉特所料，艾利斯並不認得自己。」彭伯雷心想，「這也難怪，他當獄警時**虐人無數**，又怎會記得一個被他揍過的囚犯。」

他看了看懷錶，馬上拴着手杖，「啲、啲、啲」地敲着地面，往奧格曼將軍的房子走去。他知道，由於自己的家位於警察局與將軍的房子之間，從警察局走去將軍的房子，經過自己家的話雖然路程較短，但**風險**卻比較大。他不想留下任何線索讓警方找到自己。於是，他寧可繞遠一點，拐了個大彎，經過一所**小教堂**，才向將軍家走去。

他對那附近很熟悉，因為那裏有條林蔭道，兩旁有很多又粗又大的古樹，他曾好幾次帶小吉來散步。

他敲着手杖，「啲、啲、啲」地走到林蔭道口，來到一道鐵閘前。這時，他馬上收起手杖，防止它碰到地面。然後，悄悄地打開了沒上鎖的鐵閘，走進了**林蔭道**。他一邊走一邊抬頭觀察兩旁的大樹，好像要找尋甚麼似的。

「**唔？**」走了不久，他看到了一棵看來樹齡頗高的角樹，其樹幹

仿如喇叭似的向上散開，樹枝和樹葉既多又密。

「這棵好用！」彭伯雷心中打定主意，輕輕地把手杖橫放在粗樹根上，再從手提包中取出昨天買來的鐵夾子和長方形盒子。在打開盒子後，他用夾子把裏面的一把挪威刀夾出，然後舉高手，把刀放到樹上隱蔽的地方藏起來。

接着，他想把盒子放進手提包時，想了想，打開盒子嗅了嗅，皺了一下眉，就用力一拋，把盒子拋到茂密的樹頂去。「噹」的一聲響起，盒子看來已卡在樹枝上，並沒有掉下來。

一切已辦妥後，他用手杖在樹下戳了十多下，然後轉身原路離開。這時，他每走一步都用手杖在地上戳一下，直至回到剛才那道鐵閘為止。

之後，他向教堂的方向走去，當見到一輛載着稻草的馬車經過時，悄悄地把手杖一扔，扔到稻草上，看着馬車遠去。當經過教堂時，他若無其事地走進去祈禱，但離開時，他的手提包已不見了。

回家後，他在浴缸中開滿了水，把那包高錳酸鉀的顆粒倒進去，然後跳進水中從頭到腳洗擦了半個小時。之後，又把脫下的衣服丟進浴缸中。

「一切準備就緒，死野豬，今晚就與你決一雌雄，不是你死就是我亡！」彭伯雷一邊用毛巾擦着身一邊想。

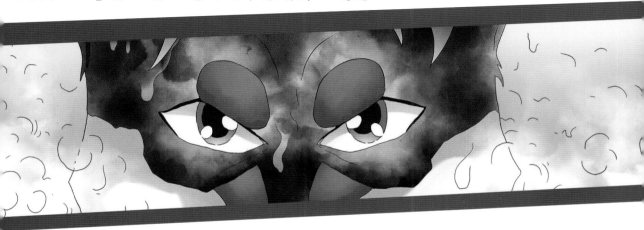

下回預告：彭伯雷的計劃能否得逞？普拉特又如何遇害？下回兇猛的警犬出場，不容錯過！

WWF

動物

白海豚 知多少?

是中華白海豚啊!

為甚麼牠是粉紅色的?

© Olivia PW To / WWF-Hong Kong

© Stephen Chan / Cetacean Ecology Lab, HKU

▲中華白海豚出生時呈深灰色,漸漸長大時,膚色才會慢慢變淡。

這跟其散熱機制有關,當牠們在溫暖的香港水域游泳時,血液會湧到皮下血管來散熱。由於這些血管十分接近表皮膚,故牠們就會變成粉紅色了,原理跟人類臉紅一樣!

聽說海豚很愛說話!

◀中華白海豚和其他海豚一樣,以回聲定位或聲音覓食,在混濁的海水中也可迅速捕捉獵物。

▼白海豚經常和同伴一起跳躍玩耍。

© Olivia PW To / WWF-Hong Kong

© Olivia PW To / WWF-Hong Kong

海豚愛和同伴溝通,科學家發現牠們都有自己獨特的叫聲,海豚媽媽更會根據叫聲認出子女,碰見其他海豚時,也能憑叫聲認出對方呢!

海豚很聰明嗎?

▶ 用尾巴「行走」的海豚。

1980年代,科學家從動物園拯救了一條名為「比莉」(Billie)的海豚。牠被救出前,動物園正訓練其他海豚用尾巴在水面「行走」的雜耍技巧,當時比莉只是在旁觀看。

神奇的是,比莉返回大海後竟懂得用尾巴「行走」,甚至將這技巧教會同伴,而且她的後代也懂得這技能呢!

雖然比莉不是中華白海豚,但海豚的聰明程度確實超乎想像!

牠不是魚類,要游上水面呼吸。那牠睡着時會遇溺嗎?

白海豚以「單半球腦袋睡眠法」睡覺,只有一邊大腦會休眠,另一邊腦袋則保持清醒,讓牠們保持呼吸,又可隨時監察環境,躲避捕獵者。就連牠們的眼睛也會輪流休息,右腦休息時,左眼會閉上,反之亦然。

科學家發現一些海豚睡覺時喜歡浮上水面,慢慢游動。如果你看見這情形,記着不要打擾牠們睡覺啊!

不會呢!

© Olivia PW To / WWF-Hong Kong

白海豚的危機

填海工程及海中的有毒污染物等都對中華白海豚構成威脅。這些毒素主要來自未經處理的工業及農業廢水,並會在白海豚身體積聚,更有可能傳給白海豚寶寶。

© Olivia PW To / WWF-Hong Kong

▲香港海上交通繁忙,船隻及沿岸工程的噪音會損害白海豚的聽覺,高速船駛過時更有機會嚴重傷害甚至撞死白海豚!

救救我們!

© Olivia PW To / WWF-Hong Kong

如果我們不立即行動,牠們很可能會在香港消失!

大嶼山西面和南面水域是中華白海豚的重要棲息地。WWF現正發起聯署,希望推動政府設立海豚保育管理區。

立即聯署

大嶼山

倡議設立「海豚保育管理區」

鄰舍賣旗日（九龍區）2020

為非資助長者中心籌款

成為義工 　　捐款支持

2020年8月5日（星期三）

查詢熱線：2527 4567 ｜ www.naac.org.hk

社會福利署署長已批准三間機構於2020年8月5日分別在港島區、
九龍區及新界區賣旗，而我們已獲授權於當日在九龍區賣旗。

Animation International
©Rightman Publishing Ltd. Licensed by Animation Int'l.

鄰舍輔導會
THE NEIGHBOURHOOD ADVICE-ACTION COUNCIL

大偵探
福爾摩斯
SHERLOCK HOLMES

《兒童的科學》創作組＝編
Costo＝插畫

誰 改變了 世界？

力與光的巨人
牛頓 下

夜闌人靜，漢弗萊走進一個昏暗的房間。裏面有座小型火爐，旁邊還站着一個人，**熊熊火光**映照其身。爐上擺了一個**坩堝**，正不斷冒煙，瀰漫着一股燃燒柴薪與融解金屬混合的難聞氣味。只是，那人似乎毫不理會，一動不動地注視裏面的東西。

漢弗萊走過去，向那人輕聲說：「牛頓先生，讓我來吧。」

牛頓轉過頭來，以**通紅**的雙眼看着他道：「注意別讓火熄了。」說着，便慢慢站起來，步出房間。

於是，身為助手的漢弗萊便坐到爐邊。他望向坩堝內**沸騰**的溶液，想到牛頓為了提煉新物質而做各種實驗，徹夜不曾閉眼休息，只是不大明白為何他要研究虛幻神秘的**煉金術**。

古人相信透過某些提煉方法就能做到物質轉化，如把普通金屬變成價值更高的**黃金**，甚至製造出能醫百病、令人長生不老的**萬靈藥**，這技術就是煉金術。千百年來不少人對其**趨之若鶩**，投下大量心血與金錢，以求獲得這種夢寐以求的「力量」。

中世紀時，煉金術乃**不傳之秘**，教會又視之為**異端**，加上坊間各種誇張的**傳說**，它成了既迷人又不入流的研究。而現代科學更證實煉金術只屬**迷信**，不過它也促成最早的化學研究基礎。

17世紀許多科學家包括牛頓都**掩人耳目**，悄悄探究這種秘法。

他曾於1670年代試圖提煉一種名為「軒轅十四銻」(antimony regulus) 的**銻化合物**。只是，據說他日以繼夜地研究煉金術，並非純粹追求財富或永生，而是希望得到無人能及的知識，發掘**宇宙真理**。

同時，這種**專心致志**的態度更幫助他寫出一本至今依然影響深遠的巨著。

劃時代巨著

自牛頓與虎克為光學問題爭執*，彼此互不理睬數載後。1679年虎克寫信詢問牛頓關於**天體運行**、**向心力運動**等看法。只是，在雙方書信討論期間，牛頓因犯了一個小錯誤，竟被對方在皇家學會大肆宣揚。不過，這種**羞辱**並沒擊倒牛頓，反而激發他重新研究行星運行軌跡。

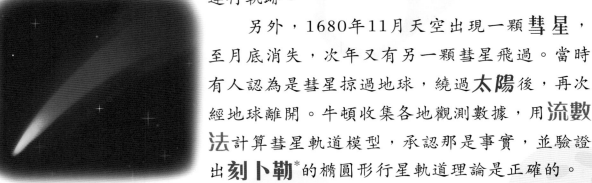

另外，1680年11月天空出現一顆**彗星**，至月底消失，次年又有另一顆彗星飛過。當時有人認為是彗星掠過地球，繞過**太陽**後，再次經地球離開。牛頓收集各地觀測數據，用**流數法**計算彗星軌道模型，承認那是事實，並驗證出**刻卜勒***的橢圓形行星軌道理論是正確的。

及後，他進一步想到行星繞着太陽運行是受到一種力影響，那麼這種力的本質是甚麼？

古代西方人相信行星運轉是受「**乙太**」*旋轉時引發的。乙太一詞源於古希臘學者，為地、水、風、火以外的第五元素，是一種**看不見**、**無重量**、**無屬性**的物質，充斥於宇宙，成為各種作用力的**媒介**。以光為例，當時人們認為光波或光粒子就是透過乙太傳遞開來。

起初牛頓也對此**深信不疑**，但經多次精密計算，察覺若太空真的有這種物質，必阻慢行星運行。他一度嘗試說服自己，乙太極之細小，能穿過任何物體，理應不構成阻礙。只是，當他進行各種空氣實驗，就明白不管乙太多麼微小也有**密度**，穿過物體時始終會產生**阻礙**。結果，他毅然捨棄固有看法，提出引力在真空宇宙也能發揮作

*有關二人爭執經過，請參閱《兒童的科學》第183期「誰改變了世界」。
*約翰尼斯‧刻卜勒 (Johannes Kepler) (1571-1630年)，德國數學家與天文學家，其天體物理學的研究啟發了牛頓的萬有引力定律。另外他創造出「刻卜勒三大定律」，當中提到行星繞着太陽運轉，其軌道必定是橢圓形的，而非傳統認知的正圓形。
*乙太，英文是 luminiferous aether 或 ether。

用。

　　1684年，學者哈雷*探訪牛頓，詢問有關問題。牛頓便將數年來研究所得匯整成篇，寫成《研究繞轉物體》一文作為解答。後來為作更完整的闡釋，他決定把所有資料融會貫通，閉關寫書。當時，他每天清晨就埋首工作，至凌晨才睡覺，其廢寢忘餐的程度連別人也看不下去。

　　某天，漢弗萊來到書房，見到牛頓專心寫字，桌上的食物卻原封不動，就知道他又沒吃飯了，於是上前勸道：「先生，先歇一會吧，你還沒吃飯啊。」

　　這時牛頓抬起頭，神情有些迷茫，反問：「我沒吃嗎？」說着，他拿湯匙舀了兩口湯來喝，再吃兩口麵包後就停下來，眼睛又移向案頭的資料。

　　這種事屢見不鮮，有時甚至弄出笑話呢。

　　有一次，漢弗萊看到牛頓難得下樓，於是問：「先生，有甚麼事嗎？」

　　「去吃飯啊。」牛頓心不在焉地一邊說，一邊朝着飯廳走去。

　　漢弗萊便通知廚娘準備飯菜。只是，當他回到飯廳卻不見對方身影，遂四處尋找，終於在玄關遠遠看到牛頓向門外走去。

　　漢弗萊大叫道：「先生，你去哪兒啊？」

　　然而，牛頓仿似充耳不聞，一直走向大街。漢弗萊唯有跑上去，只見對方低着頭，嘴巴微微翕動。

　　他拉了拉牛頓的手臂，說：「先生、先生！」

　　「唉？」牛頓這才如夢初醒，「我怎麼在這裏的？」

　　「先生，你又想事情想到入迷了。」

　　「因為我突然想起一個問題……」牛頓轉身往回走，「對了，我要去吃飯，走吧。」

　　不過，當他們回到屋內，牛頓又忽然大叫：「我想到了！」說着，三步併作兩步跑上樓梯。

　　到漢弗萊跟着來到書房時，卻見牛頓沒坐下，已乾脆站在書桌旁俯身疾書。

*愛德蒙・哈雷 (Edmond Halley) (1656-1742)，英國天文學家、數學家與物理學家，因計算出一顆彗星的公轉軌道，並準確預測它將會再度回歸，於是那顆彗星被後人命名為「哈雷彗星」。

經過近18個月，1687年牛頓終於寫成《**自然哲學的數學原理**》*一書（以下簡稱《原理》）。全書以拉丁文寫成，分為三篇。當中他整理伽利略等前人的理論，提出著名的**三大運動定律**——

第一運動定律也叫**慣性定律**，所謂靜者恆靜，動者恆動。若物體沒受外力干擾，處於靜態時便一直不動，而正在移動的東西則一直維持直線的速率運動。

←玩具車被推動後，因受摩擦力與空氣阻力等外力阻礙而停下。若這些力消失，車子就會一直向前走。在太空這種毫無空氣阻力的環境下，行星受太陽引力影響，不斷循橢圓的彎曲路徑運行。

第二運動定律涉及**加速度**，簡單來說就是移動物件的力愈大，該物件的加速度就愈大。但若用上相同的力去移動**質量**更大的東西，其加速度就較小。具體例子如下：

↑當我們推得愈大力，手推車前進的速度就愈快。

↑當我們推的東西質量較小，手推車便輕鬆前進；但如果以同等力量去推質量較大的東西，手推車前進的速度就慢得多了。

至於第三運動定律提到**作用力**與**反作用力**。當物體A向物體B施力時，物體B會對物體A施以大小相同、方向相反的力。

←皮球下墜到地面，對地面施加的撞擊力即為作用力，而反作用力就是地面對籃球施加向上的力了。

作用力

反作用力

→再舉一例，火箭升空時引擎的噴射對下方的空氣產生作用力，於是被推動的空氣就產生同等的反作用力，令火箭上升。

作用力　反作用力

*《自然哲學的數學原理》（*Philosophiæ Naturalis Principia Mathematica*），英文即是 *Mathematical Principles of Natural Philosophy*。

另外，書中首次提出**萬有引力**的概念。所謂「萬有」，即是所有物體都有一股力吸引其他東西，這股力的大小與該物體的質量以及物體間的距離成正比。換句話說，物體愈大，其引力愈大；而兩個物體的距離愈近，彼此間的引力也愈大。那麼，為何月球不會被地球吸向中心，猶如20多年前牛頓看到蘋果垂直掉下？這是因為月球運行得夠**快**。

牛頓推論只要物體移動的速率夠高，就能繞着另一物體做圓周運動。他假設地球毫無空氣阻力時，在高山架設一座**大炮**，然後發射**石頭炮彈**……

↑當炮彈的速度不夠高，就會很快掉到地面。

↑若炮彈射出的速度快些，便在較遠的地方掉到地面。

↑若大炮的威力夠強，射出的炮彈夠快，就會繞着地球轉一圈，最後回到起初發射的地方。

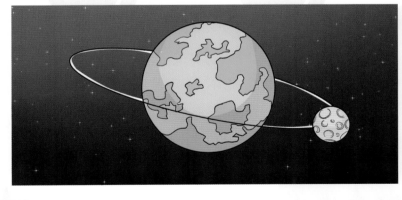

←月球以每秒約1.02公里繞着地球轉動，而步槍子彈的發射速度大約每秒0.7至1公里，可見月球公轉極快，能一直繞着地球轉動。

在哈雷的幫助下，《原理》送至皇家學會出版。書中提出的萬有引力理論顛覆傳統科學的認知，引起極大**迴響**，科學家對此褒貶不一，反應各異。

同時，《原理》令牛頓在科學界的**聲望**與地位大幅提升，有助他此後開展其他事業。其中1696年，牛頓就離開劍橋，前往倫敦政府機關工作。

咯噔咯噔……一輛馬車在清晨正往**倫敦塔***的鑄幣廠駛去。牛頓坐在車內，想到自己將擔任英國**鑄幣廠廠長**，必須解決棘手的貨幣問題，**不容有失**。

當時，市面流通的貨幣因使用過久而缺損，又有**不法之徒**剪去錢幣邊緣，積攢銀屑，再熔成銀錠，加入其他金屬製成偽幣。這樣造成**幣制混亂**，**假幣群出**，嚴重損害國家經濟。而牛頓的解決辦法十分清晰，一是回收舊幣，重新鑄造新幣；另一是打擊非法勾當，嚴懲私鑄偽幣的犯人。

想着想着，馬車已停在廠房門前。牛頓宣誓就任後，隨即**視察環境**，制定策略。他仔細觀察鑄幣過程，了解設備與工人的種類和數量，再根據每個**步驟**所需時間，計算出每天可生產多少錢幣。為確保**產量穩定**，牛頓在每天清晨四點工人開工前就來到廠房監督至晚上，務求工人達到其要求。

他又翻查舊有檔案，**理清權責**，**清除積弊**，終於將鑄幣廠混亂不堪的情況改正過來，生產效率大大提高。

另一方面，牛頓派遣下屬和委託警方四處追蹤不法分子，有時甚至**親自上陣**……

在一間髒亂不堪的酒吧角落，坐着兩個男人。一人身穿紅衣，神情凝重；另一人則有點邋遢，眼神**游移**。

邋遢男人壓低聲音道：「大人，這是你要的東西。」說着，從口袋抽出一個**信封**，放在桌上。

「可靠嗎？」對方拿起信封問。

「絕對沒問題。」

*倫敦塔 (Tower of London)，位於倫敦泰晤士河北岸的一座城堡。

「很好，這是你的。」紅衣男人把信封收進懷中，然後丟出一個**小布袋**。

邋遢男人立刻抓住布袋，打開往內看了一眼，**貪婪**地笑道：「以後大人有需要，請隨時吩咐。」

「記住，今天的事要**保密**。」說後，紅衣男人站起來，步出酒吧。他拐過街角後，登上了一輛馬車，只見車廂內坐着一個年輕人。

「牛頓大人你回來了，可以行動了嗎？」年輕人**恭敬**地問。

牛頓拆開信封看了看內容後，眼中閃過一絲**寒光**，說：「去抓老鼠吧。」

為抓住**無法無天**的偽幣犯，他喬裝成不同身份，到酒吧及下城區等**龍蛇混雜**的地方刺探情報，搜集證據。此外，他還親自審問嫌疑犯，將有罪者判處死刑。所以牛頓猶如**死神**，令偽幣犯**聞風喪膽**，也**恨之入骨**。他曾收過不少死亡恐嚇，但毫不理會，把大量罪犯**繩之以法**。

牛頓那**雷厲風行**的辦事方式改善了貨幣問題，終獲政府賞識，於1699年鑄幣局總監逝世後就馬上接任，全權管理一切事宜。1701年，他成為國會議員，四年後更獲安妮女王冊封為**爵士**，權力與身份地位都大大提升。

另一方面，1703年虎克逝世後，他隨即被選為皇家學會新主席。一年後他將擱置多年的光學研究重新整理，寫成《光學》一書出版。當中重申光粒子性質、折射與反射現象，並擴展至光與感覺器官關係等範疇。

那時，牛頓在英國學術界的地位雖**穩如泰山**，但除了虎克，還有一個與之**旗鼓相當**的對手，與他展開漫長的數學「戰爭」。

微積分戰爭

　　早於大學時期，牛頓已學習複雜的高等數學，及後在那「神奇的兩年」*中，更自創出「**流數法**」。無獨有偶，十多年後一位名叫**萊布尼茨***的科學家也發明了類似的數學分析方法，稱為「微積分」。

　　如上集所述，微積分用途廣泛，尤其在幾何圖形計算上的功效非常大。其中微分能計算曲線的曲率，而積分則可用於計算不規則圖形的面積，先看看以下例子吧。

↑當球從一方拋向另一方時，途中受多種因素影響，例如投擲產生的旋轉、空氣阻力等，以致其路徑並非直線，而是曲線。若想知道拋球路徑的曲率，以至球擲出後每一刻的位置與速度變化，我們都可利用微積分計算。

↑另外，要算出長方形、三角形、圓形等圖形的面積和體積很簡單，只須按公式計算即可。但若要計算不規則曲面物件如一隻橢圓形雞蛋的面積，一般方法便行不通，那就需要使用微積分了。

　　牛頓就是以其獨創的流數法計算行星橢圓形的軌道，協助完成《原理》。不過，多年來他也沒公開發表該數學分析方法。有說是因**瘟疫**和**倫敦大火**重創出版和印刷業，無人肯承印冷門書籍；加上他在1672年發表光學研究時遭到諸多批評，**深受打擊**，故亦放棄公開流數法。

　　就在牛頓受挫的同年，近30歲的萊布尼茨在巴黎結識著名科學家**惠更斯***，並向他學習高等數學。一年後，他訪問**倫敦**，見識到英國數學界的最新發現。1675年，他憑着自身**天賦**與**努力**，獨自建構出微積分的基本概念。

　　後來，在皇家學會秘書奧爾登伯格*穿針引線下，萊布尼茨與牛

*有關「神奇的兩年」，詳情請參閱《兒童的科學》第183期「誰改變了世界？」。
*葛剕烈‧威廉‧萊布尼茨 (Gottfried Wilhelm Leibniz) (1646-1716年)，德國數學家和哲學家，在數學、醫學、物理、法律、哲學、語言學、歷史學都有涉獵研究。
*克里斯蒂安‧惠更斯 (Christiaan Huygens) (1629-1695年)，荷蘭數學家、天文學家與物理學家，在多方面有不少成就，曾創立光波說，又發現土星的其中一顆衛星「土衛六」。
*亨利‧奧爾登伯格 (Henry Oldenburg) (1619-1677)，德國科學家，皇家學會第一代成員。

頓一度互相通信，並察覺彼此都做過類近的數學研究。但為保護自己的利益，雙方對信中的有關細節**語焉不詳**，牛頓甚至將所有牽涉流數法的文字都**加密**了。

1684年，萊布尼茨正式發表首篇微積分論文。同一時間牛頓正準備編寫《原理》，無暇顧及其他事情。直到1693年，牛頓才發表其數學研究，並**表明**早於20多年前已創出流數法，震驚歐洲。於是，**爭端**開始了。

噢！萊布尼茨的微積分很好用，令許多數學難題都解決了！

但原來牛頓也發明了類似的分析方法。

那麼是誰先發明呢？

牛頓懷疑萊布尼茨到訪英國期間，從某些渠道獲得其流數法的詳情。1703年他成為皇家學會主席後，便藉一位牛津大學教授之手，指責萊布尼茨**偷取**他的成果。雙方的學者同伴亦出面維護，**開火聲援**，戰爭全面**爆發**！

及後，萊布尼茨向皇家學會申訴，指控牛頓才是**剽竊犯**。學會遂成立委員會調查事件，但身為主席的牛頓**獨攬大權**，令委員會難作公正裁決。果然，報告判定牛頓無罪，反倒是提告的萊布尼茨被控剽竊。其理由是流數法創立的時間早於微積分，兩者只是使用符號不同。而且，當年確有學會成員讓萊布尼茨看過牛頓某些資料，雖然具體內容未明，但「有理由相信」**證據確鑿**。

偏頗的結果令萊布尼茨**深深不忿**，後來學者白努利*發現《原理》有個數學錯誤。萊布尼茨以此為題，於1713年匿名刊登文章，質疑牛頓是否有能力創造流數法，甚至**借題發揮**，嘲諷萬有引力理論錯誤。牛頓大為**震怒**，指責對方無恥地撒謊。

後來爭執牽扯到皇室，牛頓請德國宮廷大臣裁判，並寫了一封信給萊布尼茨「澄清事情」，只是信中內容**千篇一律**，僅表明自己沒

---

*尼古拉一世・白努利 (Nicolaus I Bernoulli) (1687-1759年)，瑞士數學家，為歐洲學者家族「白努利家族」的成員之一。

我才是始創的人！

錯。萊布尼茨就將信件複本寄給其他數學家，讓大家一起評理，並再次堅稱微積分是他自己獨創的。

事件擾攘多年，到1716年萊布尼茨過世後，戰爭仍未結束。牛頓一直**耿耿於懷**，晚年仍**憤憤不平**地說對方剽竊自己的成果，**不依不饒**地攻擊已逝的對手。

另外，這場戰爭也影響學術界發展，往後歐洲大陸學者都採用萊布尼茨的微積分。相反，對牛頓奉若**英雄**的英國人則堅持採用流數法，直到19世紀中期才**打破成見**，改用微積分。

後世大部分人相信牛頓是始創者，但也認為萊布尼茨憑**一己之力**自創其方式。而現今所有人都將這數學分析方法稱為微積分，並採用萊布尼茨系統，因其較**簡單易用**。故此，這場戰爭中雙方可說是**打成平手**。

海邊的好奇小孩

牛頓繼承伽利略的思想，用**實驗**與**數學方法**證明理論。在光學上，他以三稜鏡印證出顏色的本質。其光粒說更一度領導世界，直至19世紀科學家提倡光波說後才沉寂下來。只是，20世紀初**愛因斯坦**以光子理論提出波粒二象性，光粒說被重新探討。在力學上，《原理》的萬有引力定律與運動定律，到今天依然影響深遠。

只是，他明白宇宙**廣闊無窮**，仍有很多未知的地方。他曾說過：「我不知世界將如何看待我，但我覺得自己只像個在海邊嬉戲的孩子，有時因發現一顆光滑的石子或一塊漂亮的貝殼而**滿心歡喜**，卻仍未探索面前那片偉大的真理海洋。」

好奇心、**專心**與**進取之心**可說是做事邁向成功的關鍵要素呢。

太空旅行不是夢？

隨着5月30日美國SpaceX公司成功載人到達國際太空站，實現太空旅行的日子越來越接近，大家很快就有機會穿越大氣層了！

甚麼是SpaceX？

這是一間2002年成立的私人公司，主要業務是太空運輸。SpaceX擁有自行研發的先進航宙裝備，美國空軍、NASA等都是其商業客戶。

首次商業載人航行

今年5月30日，SpaceX首次把兩位太空人送往國際太空站。現在發射火箭的價格已由數億美元降至約六千萬美元，相信將來每人只需付出幾萬元港幣，就能享受太空之旅了。

Image Credit: NASA/Bill Ingalls

火箭發射

▶太空船擺脫地球引力需要龐大能量，所以需要火箭幫助推進。

可回收火箭

以往火箭都是用完即棄，但SpaceX使用的「獵鷹9號」火箭加入垂直升降系統，能完好無缺地降落地面，可重用多達100次，節省大量成本！

一般火箭

◀解體墜落。

火箭墜落海面，成為廢棄物。

▼通常會墜落於南太平洋的中心點。

SpaceX火箭

完整無缺地降落，可循環再用。

◀可回收火箭返回地面。

◀即使不維修也可重用10次，如定期檢查修理，更可循環使用100次！

49

香港中文大學
生物及化學系客席教授
曹宏威博士

為何嬰兒睡覺的時候，手總是緊握拳頭？

賴學而　五邑鄒振猷學校　三年級

初生嬰兒睡覺時多緊握拳頭，可以有三個假說：

假說 1：初生嬰兒保持着自己在母親肚內的姿勢

胎兒在母體內時，由於子宮較擠迫，所以就緊握拳頭、手腳彎縮，抱在軀幹前。嬰兒出生後，由於在睡眠時不主導意識，令手掌未全面放開，所以仍握拳。亦有人認為由於嬰兒控制肌肉的能力未發達，部分肌肉仍繃緊，於是就緊握拳頭。

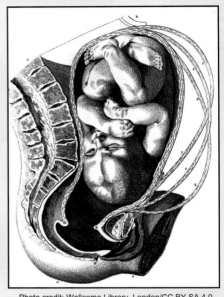

Photo credit: Wellcome Library, London/CC BY SA 4.0

假說 2：嬰兒正在做夢時的反應

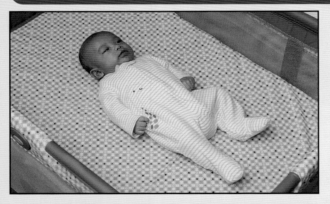

相比成人，嬰兒較易出現夢遊的情況。這意味着嬰兒的神經系統有時不能在睡眠階段抑制四肢活動，而緊握拳頭則是其中一個表現。

◀即使如此，嬰兒清醒時似乎也有緊握拳頭的習慣。

假說 3：是保留着人類進化過程中擁有的中性行為

當人類祖先仍生活在樹上時，初生嬰兒須抓緊母親的毛髮，才不致從其懷抱中墮下。這種本能驅使的反射動作一直到他們有能力行走才會慢慢地消失。

今日人類生活雖無此需要，但反射動作是個中性的行為，早已被「固化」在神經網絡內，沒有淘汰的必要，於是保存了下來。

為甚麼街上的街燈 大部分也是黃燈？

鄭殷行　浸信會呂明才小學　一年級

街燈用作道路照明，其燈光採用全譜的白色固然效用最好，但如果汽車在霧中行駛，也要加上波長較長的黃色霧燈增強視野。這等如說：街燈的燈光除了白色外，稍帶淺黃也無妨。

政府在選擇以哪種燈具作為街燈時，必須考慮成本、光度、安全、維修和貨源等多個因素，最終的決定又會因地域和時代的不同條件而異。早期的街燈有弧光燈、鎢絲燈和煤氣燈等。隨着時代進步，新的照明工具應市，政府也要與時俱進，一代一代地將舊時代的產品淘汰，其間黃色的鈉燈就成了主流。這種燈具內的鈉元素通電後受激活而放黃光。

你說的「大部分」是一種燈而非全部，正好說明以舊換新過程中所出現的正常現象。

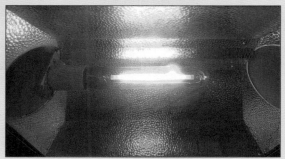

▶鈉光燈管內通常有少量鈉金屬或鈉汞合金，在通電後可放光。管內還有氖、氫等貴氣體保護鈉金屬不產生化學反應。

Photo credit: Plantlady223/CC BY SA 4.0

為甚麼媽媽會愛我？科學家 可解釋嗎？

劉允佑　香港培正小學　二年級

母愛的行為或許不難理解──不就是媽媽對子女的愛？其體現方法分幾方面，例如照顧子女而投放自己所有的時間、資源（食物、玩具、金錢……）及情感（例如子女生病而導致的擔心），彷彿子女是自己身體一部分一樣，所以母愛也可理解為母嬰之間的緊密連繫。

從生物角度看母愛行為：人類的初生嬰兒如果沒有上代（主要是母親）的照顧，他生存的能力為零。雖然粥糜和奶粉仍可以代乳哺嬰，但這份辛勞、時間和愛心的付出就是以母愛為基石。母愛有本能也有非本能的方面，後者則是由後天的文化、教育和成長過程中耳濡目染產生出來的好結果。我還希望小朋友細心去發現：你的爸爸也同樣愛着你！

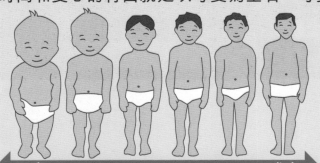

嬰兒　　　　　　成人

◀人類嬰兒的頭部巨大得跟身體不成比例，很難平衡，一般要6至11個月才開始學會爬行，因此極需要照顧！

天文

無限驚喜的

哥倫布環縫　　　麥克斯韋環縫

D環　　　　　　　C環

梁淦章工程師
香港天文學會

太空歷奇

我們沿遼闊的光環表面近距離巡航，看看有何發現吧！

光環的特徵

- 光環不是一塊大的固體平面，而是由數以億計的小冰塊和少量碎石組成。
- 環中的每顆冰粒和碎石都各有一條環繞土星的獨特軌道。
- 環之間有小縫，有些環縫中還藏着小月亮。
- 光環由主環及500至1000個小環拼合而成。
- A、B、C、D四個主環的厚度只有10米至1000米不等，十分薄。
- E環是全太陽系最大的環，非常稀薄暗淡，一直延伸至土星直徑的7000倍外。

衛星激起的巨大波浪

土衛
三十五

土衛
三十五　　太空人

Photo credit: Erik Svennson

土星環結構複雜，A、B環間有較寬的卡西尼縫，其他主環中則有很多狹窄的環縫。

環縫的成因有二。其一是環縫內藏一顆衛星，它沿軌道前進時在兩旁激起一前一後、如螺旋槳般的波浪物質（見左圖）。其二是一些衛星的軌道周期共振令該處的物質被移至兩旁。

▲畫家繪畫太空人在土衛三十五所激起的波浪中冲浪。

我也想跟他們一起到外面冲浪呢！

基勒環縫

土衛三

土衛一

藏在環縫中的小月亮

貼着土星環面飛行很刺激驚險，但可看到壯觀的景象呢！

透過冰粒和石塊的縫隙，可看見光環背後的星光。

天文畫家根據卡西尼號的攝影記錄，畫出土星B環邊緣的景象。

Photo credit: Michael Carroll

土星環

土衛十五
曾被認為是A環外緣的牧羊衛星，近期發現A環的鮮明外緣是由軌道共振所造成。

惠更斯環縫　恩克環縫　基勒環縫

B環　卡西尼縫　A環　F環

隱藏在環縫中的小月亮

牧羊衛星

牧羊衛星有兩種作用：一是產生環縫，二是令環的邊緣更鮮明。

A環　F環

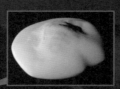

土衛十五
曾被認為是A環外緣的牧羊衛星，近期發現A環的鮮明外緣是由軌道共振所造成。

A環內藏無數「螺旋槳」波浪，相信是由體積細小、還在成形的小月亮所引起。

土衛十六

兩者皆與F環的形成有關。

土衛十七

土衛三十五
與基勒環縫的形成有關。

陽光從低角度照射B環。

*有關土星環縫及牧羊衛星的詳情，請參閱第153期的「天文教室」。

土衛十八

與恩克環縫的形成有關。

土衛二
水冰噴泉

B環邊緣有起伏不定的物質，高達3公里。

這些物質在陽光低角度照射下，拉出長長的陰影。

開心禮物屋

科學實驗遊戲
寓學習於娛樂！

老師！我想做實驗呀！

A 扭扭樂矇眼版 1名

高難度矇眼遊戲，只憑圖案質感找出正確位置，考你感官與觸覺！

B 米妮DIY唇膏＋肥皂實驗 1名

完成品可供使用，送禮自用皆宜！

C LEGO® 迷你兵團 75549 1名

新一輯電影未上畫，先送你LEGO®大玩特玩！

D 再造紙製作盒 1名

製作再造紙工具盡在此中，最適合製作賀卡！

E 聲控觸控玩偶 1名

拍拍手掌，小狗自動走過來！

F 多功能沙灘玩具套裝 1名

鏟子可當作水桶，又能與模具配合玩擲圈遊戲，是你的沙灘良伴！

G 忍者龜角色扮演套裝——拉斐爾 1名

手持兩把鐵尺的拉斐爾，是敢於進攻的小隊先鋒！

H 星光樂園卡包福袋 2名

名貴珍藏卡隨機送上，你會抽中哪一款？

I 變形金剛 Premier Edition 路障 1名

電影版中的狂派大將！

第180期得獎者

大偵探福爾摩斯

「聽說那間雜貨店的貨品正**大減價**啊！」小兔子一邊跟在福爾摩斯和華生身邊，一邊雀躍地說，「不單所有貨品八折，而且買滿指定金額，還附送**煙肉**、**火腿**或**芝士**呢！」

「想不到你知道這麼多。」華生笑道。

「就只知道吃。」大偵探斜眼看着小兔子道，「一會你也要幫忙拿東西才有火腿吃啊。」

「放心，包在我身上！」小兔子說得**神氣**，「而且不只是火腿，還有煙肉和芝士，噢，很幸福……」說着，臉上已露出一副**陶醉**的表情，嘴邊還掛着一串口水。

福爾摩斯摸摸下巴，道：「既然你說是『附送煙肉、火腿或芝士』，而非『附送煙肉、火腿及芝士』，即是並非同時得到所有東西呢。」

「那不就差個字嘛。」小兔子疑惑地說。

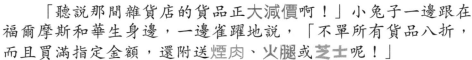

「和」（and）以及「或」（or）都是邏輯連接詞，不論在日常使用的語言還是數學上都十分常見，單單一個字的分別就影響了整個句子的邏輯推論。

以雜貨店的優惠為例：

送煙肉　　或　　火腿　　或　　芝士

從文字上來說，一般是指只送其中一樣。

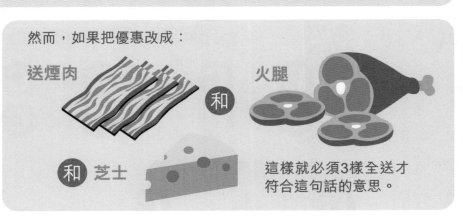

然而，如果把優惠改成：

送煙肉　和　火腿

和　芝士

這樣就必須3樣全送才符合這句話的意思。

「有道理，況且就算是優惠也該不會這麼誇張吧。」華生說。

「所以你還是少做夢啦。」大偵探**狡黠**地笑道。

三人走着走着，雜貨店已近在眼前。這時，店內傳來**大吵大鬧**的聲音。

「發生甚麼事？」華生問。

「我去打聽一下！」小兔子隨即跑進店中。

福爾摩斯和華生二人來到店門口，只見不少人圍着收銀處，吵鬧聲就是從那裏傳出來。

不一會，小兔子回來大聲報告：「報告長官，是有顧客被欺騙了！」

破鑼般的叫聲令人們紛紛看向三人，也使人群間出現一個空隙，華生從中看到店主與一個胖子正在對峙。

「甚麼？我哪有欺騙啊，你別含血噴人！」店主向小兔子高聲叫道。

「哼，你根本就是在騙人——」胖子說到這裏時，他發現了大偵探，便道，「咦？你不就是福爾摩斯先生嗎？太好了，快來拆穿這家黑店的真面目！」

未待大偵探回應，小兔子已搶道：「當然沒問題！有我們倫敦首屈一指的偵探出手，必定還你一個公道！」

「你別擅作主張！」福爾摩斯輕敲了一下小兔子的頭罵道。

這時，圍觀的人看到福爾摩斯，也七嘴八舌地討論起來：「是大偵探呀，不知他會如何解決事件呢？」

「很高大啊。」

「聽說他很有正義感。」

福爾摩斯看到眾人期待的目光，唯有硬着頭皮出手，向那胖子問：「這家店怎樣騙你？」

那胖子指着牆上一張海報說：「你先看看那張海報吧。」

凡購買各種肉類產品，即可獲贈咖喱粉或辣椒粉和香料麵包。

「我想要咖喱粉及香料麵包，但店家卻說不能這樣配搭，不知怎搞的！」胖子非常不滿。

「這句話的意思是要麼選咖喱粉，要麼選辣椒粉及香料麵包，根本沒有你說的那種配搭！」店主也不甘示弱。

「這樣吧，我們先用數學的邏輯來理解海報上的句子吧。」福爾摩斯有條不紊地說道，「在數學上，邏輯關係可用算式表達，而這種算式稱為邏輯代數。我們先將海報上的句子分為以下四句。」

A 購買各種肉類產品　　B 贈送咖喱粉

C 贈送辣椒粉　　D 贈送香料麵包

A是贈送東西的先決條件，這毋須爭議，那就考慮B、C和D。

「B或C」可用加法表示。

B 或 C
B ＋ C

B 和 C
B × C

而「B和C」則可用乘法表示。

我們以此方法，把海報的寫法寫成這算式：

B ＋ C × D

贈送咖喱粉　或　贈送辣椒粉　和　贈送香料麵包

在數學運算上，所有相乘的數會被當作一個組合，而各個相加的數則為一個獨立物件。所以，把這規則套用到該算式上，那咖喱粉（B）是一組贈品，辣椒粉及香料麵包（C x D）是另一組贈品。看來店家的用意是如此……

贈送咖喱粉	或	贈送辣椒粉	和	贈送香料麵包
B	＋	C	×	D

　　胖子聽到後雖然感到**不忿**，但也無奈接受大偵探的說法，選了店家規定的組合，就提着貨品離去了。
　　福爾摩斯待其他顧客也逐漸散去後，才找店主悄悄地道：「其實海報的寫法很易引起**誤會**，因為人們順着海報上的句子閱讀，還可能理解成在咖喱粉或辣椒粉之間二選一，然後配搭香料麵包。」

贈送咖喱粉	或	贈送辣椒粉	和	贈送香料麵包
B	＋	C	×	D

「人們理解文字時不會直接套入數學邏輯，所以最好改一改海報的寫法，不然以後可能還會產生誤會呢。」店主聽罷，立即**修改**了海報上的句子。

　　「福爾摩斯先生果然厲害！一出手就平息了事件！」小兔子在店主面前誇張地**讚歎**，「這樣吧，不如給我們一個特別優惠，同時把三種贈品也送給我們，當作酬金吧！」
　　福爾摩斯連忙一拳敲在小兔子頭上：「又自作主張，你這貪心鬼！」
　　華生看着他們二人，不禁掩着半邊嘴笑。

地球揭秘

地理

香港也有龍捲風？

今年6月8日，赤鱲角附近出現水龍捲！香港上次出現水龍捲是在2018年，該年更有4次水龍捲的記錄！

我們請來兒科氣象局局長，解說這特殊天氣現象。

水龍捲常隨超級雷暴產生，那你們知道超級雷暴是怎樣形成嗎？

居兔夫人　　亞龜米德

龍捲風的形成過程

1

當空氣變得不穩定，在不同高度有不同的風速和方向時，就會產生風切變，有利超級雷暴形成。

空氣開始水平旋轉，形成柱體。

2

雷暴形成前，地面的水蒸發並釋放熱量，推動地面的氣流上升及形成雲層。

愈多水蒸發，就會形成愈大塊積雨雲，上升氣流亦愈強！

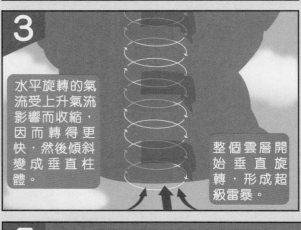

3

水平旋轉的氣流受上升氣流影響而收縮，因而轉得更快，然後傾斜變成垂直柱體。

整個雲層開始垂直旋轉，形成超級雷暴。

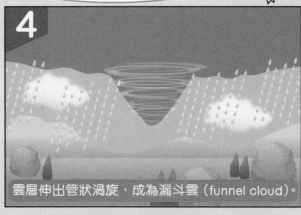

4

雲層伸出管狀渦旋，成為漏斗雲（funnel cloud）。

5

雨水和冰雹將渦旋推向地面，形成龍捲風。

若渦旋被推向海面，所產生的龍捲風就稱為水龍捲。

當空氣變得穩定或水分減少蒸發，龍捲風就會慢慢消失。

超級雷暴是甚麼？

雷暴大多由積雨雲組成。

Photo by Lane Pearman/CC BY 2.0

▲有些雷暴由一塊積雨雲組成，壽命只有約一兩小時。

▲有些則由多塊積雨雲合併而成，當中威力最強的就是超級雷暴（supercell）。

龍捲風的破壞力

超級雷暴發生時，會引起冰雹、龍捲風等惡劣天氣狀況。

▲龍捲風渦旋中心的氣壓非常低，如吸塵機般*，近地面的空氣飛快地湧入龍捲風內以作補充。

*有關吸塵機的運作原理，請參閱第182期「科學實踐專輯」。

水龍捲除了令小型船隻沉沒，也曾把體重較輕的魚、鰻魚及青蛙吸到高空，之後牠們如雨點般掉落地面，造成一大奇觀！

猛烈龍捲風的風力比超強颱風更強，樹木甚至建築物也會被摧毀，但其影響範圍及持續時間則不及颱風。

Photo by Mrluckypants/CC BY-SA 3.0

▲2013年受到龍捲風吹襲的美國地區，樹木及房屋被嚴重摧毀。

龍捲風為甚麼很少在香港出現？

不穩定空氣多由冷暖氣流對撞形成，在廣闊平原上的不穩定空氣所造成的風切變才會變得更強烈。

香港三面環海，鮮有冷暖氣流對撞，且廣闊平整的陸地不多，所以不常出現龍捲風。不過由於5至10月天氣不穩，常有大雨及狂風雷暴，故有利水龍捲形成。

上空的乾冷空氣

冷空氣

熱空氣

地面的暖濕空氣

香港上次出現龍捲風是在2005年，但不論龍捲風或水龍捲，都鮮會對香港造成嚴重傷亡。

大家有用 DIY 吸塵機把
書枱清潔乾淨嗎?

鄧高迪

給編輯部的話

機

吸塵機很有用

兒科加油

看來你不論在端午節假期，還是
其他日子，都有用吸塵機幫忙打
掃呢！

王宏博

給編輯部的話

今期的教材玩具我很喜歡,
因為可以用它來幫媽媽
吸塵。希望刊登！

來 歡

記得每次用完後要清理吸塵
機內的灰塵啊！

溫梓傑

給編輯部的話

希望刊登,同心抗疫

今期的「科學Q&A」令我
明白到各種爐具的功
能和內部結構,原來用氣炸
鍋炸的食物也不健康！

我現在找道

其實不論用甚麼爐具，「炸」
這個烹調方法一般都達140℃
以上，因此較易產生致癌物。

施玟希

給編輯部的話

初次寄信,
希望刊登

我試了
摺會咬手指的花,我
不斷嘗試,始終於成
兒科加油 功了,十分好玩!

那麼你覺得我的「捕獸器」製作
方法容易嗎？

黃熙程

給編輯部的話

小Q話:「Mr. A,防腹瀉
藥我有很多,不過你先把
褲子穿上……」

褲

我有穿啊！只是褲子、呃、稍微
滑了下來……

單富榮

給編輯部的話

兒科加油 希望刊登

今期的水的科學實驗室很好看。
用得他讓我知道半塊玻璃如何做
還讓我天道米糖幹來的寶王的功之
做成糖品。

即使是同一種平凡的食材，也
有不同方法把它變成各種有特
色的食物呢！

IQ挑戰站答案

Q1. 所有書的第85及86頁都是同一張紙的前後
頁，不可能夾起任何東西。

Q2. Ⓐ
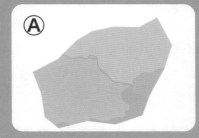

Q3. 準備一塊與地圖面積相等的木板；鋸出需量
度的部分。假設完整木板重量是A、量度部分
重量是B，B÷A就是該部分所佔比例。最後
量度完整地圖的面積，再乘以這比例即可。

科學Q&A

第一百一十二話
沙灘的誕生
漫畫◎李少棠　上色協力◎周嘉詠
劇本◎《兒童的科學》創作組

哈哈，這枝高性能水槍很準啊。

哎呀！

小松不用怕，我快挖好戰壕了！

叮

這石頭上面有圖案的？

糟了！

一億年前

這裏就是我們發現求救石刻的地方。

呼——

這裏沒沙灘啊，是不是搞錯了？

地球上的地形不斷變化，這裏日後變成沙灘也不奇怪啊。

可是我在那沙灘玩了很多年都沒變化呀？

我帶你們去看現在那沙灘的樣子吧。

咦？

啪唦

63

沙灘形成

強風在海面吹起海浪，
並湧向陸地，
當中混了很多沙粒。
海浪到達淺水位置時，
能量開始減弱，
沙粒因而沉澱到
海床或地面。

海浪回退時，能量
又不足以把沙粒帶走，
所以沙粒會在此
不斷累積，
形成厚厚的沙層。

海浪把沙石沖上來.

沙石遺留在此

但這裏是水底，
又怎麼能變成我們
玩耍的沙灘？

這是地球表面的
板塊移動造成，
不過需要至少
數百萬年才看得見
它的變動啊。

數百萬年？

地球內部結構

地殼：
平均厚度約33公里，
表層正是我們
生活的地面，
底層溫度約200℃
至400℃不等。

地核：
分為液態的外核
和固態的內核。
推測主要成分
是鐵和鎳，
外核溫度
約4500℃，
內層更
高達5500℃。

地幔：
主要由幾種
岩石礦物組成，
呈固態。
深度約2900公里，
溫度可達4000℃。

你們該知道，
地球的構造是
這樣的吧？

不過地殼並非一個整體，而是分成多個板塊。

地殼板塊

地殼可分為多個板塊，每個板塊都在地幔對流的帶動下緩慢移動。

地幔會在強大壓力下不停移動，熱的物質向上升，冷的物質往下沉。

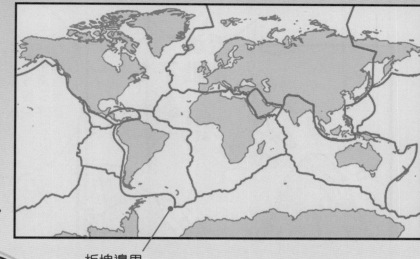

板塊邊界

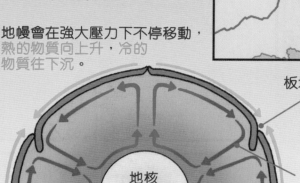

地核

地幔對流

當板塊邊界互相擠壓及摩擦，就會累積能量造成地震。圖中可見日本、印尼等地震頻密的地方都位於板塊邊界。

 啊，難道地幔就是岩漿，在火山爆發時噴出來的？

不，其實岩漿只是少量被熔化、儲存在岩漿庫的液態岩石，地幔則主要是固體。

岩漿庫

因為地球內部壓力很大，所以固體也會被壓至變形流動呢。

一億年前

一億年後

板塊移動令地形不斷改變，所以海洋變沙灘，甚至變成高山也不奇怪。

原來如此。

那接下來該怎辦？

既然鎖定了地點，就在這一帶搜索吧。

咦？

啪吵

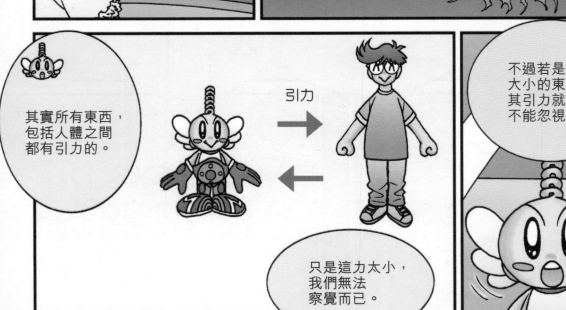

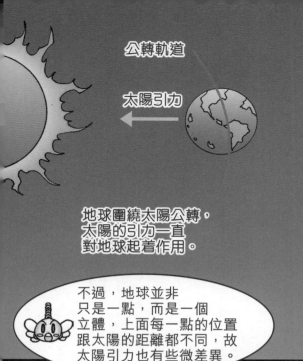

公轉軌道

太陽引力

地球圍繞太陽公轉，太陽的引力一直對地球起着作用。

不過，地球並非只是一點，而是一個立體，上面每一點的位置跟太陽的距離都不同，故太陽引力也有些微差異。

漲潮　　漲潮

地球兩端的太陽引力差異使地球稍微「拉長」成橢球體，就好像有股力量把它壓扁了，這想像出來的力叫做潮汐力（跟離心力一樣是假想力，並不真實存在）。它可拉高海平面，形成漲潮。

由太陽引力作用引起的漲潮，就叫太陽潮。

月球引力造成的潮汐也是同樣道理。

而且因月球離地球很近，所以效果比太陽大呢。

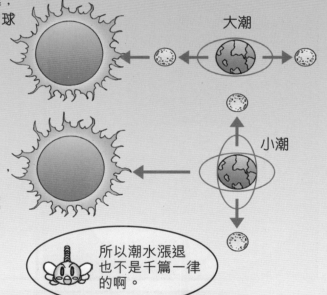

在新月與滿月時，太陽、地球與月球連成一線，引力的作用以同一方向疊加，漲潮幅度更大。

大潮

到了半月期間，太陽、地球與月球位置成直角引力作用分散抵銷，漲潮幅度就減小了。

小潮

所以潮水漲退也不是千篇一律的啊。

那麼地球引力會影響月球嗎？

怎會，月球又沒有海水。

有影響啊，因為月球不是圓形，所以受潮汐鎖定影響，它只有一面永遠向着地球。

月球不是圓形？

其實地球和月球都是橢圓形的，只是肉眼難以察覺而已。

潮汐鎖定

月球向着地球的那一面與背面受到的地球引力不同，跟太陽及地球的情況相似，也會因潮汐力而「拉長」成橢球體。

拉回原位

如果月球偏離這位置，地球引力會使月球自轉加快或減慢，直至凸出的一端重新正對着地球為止，經過極長時間後，月球就永遠只有一面向着地球。

那麼地球又會被月球引力鎖定嗎？

6小時　　24小時

有科學家研究指出，受月球引力影響，可能40億年前地球一天只有約6小時，現在已經延長至24小時了。

如果地球被月球鎖定了，即是說一個月才算作一天，那就有很多時間玩了！

不過到50億年後太陽吞噬地球時，地球仍未會被鎖定，所以這情況根本不會發生的。

好了，繼續搜索吧。

這裏的風景真壯觀。

這是海蝕洞，也是由海浪造成的地形。

海浪侵蝕

海浪帶着沙粒拍打岩石，除了海水本身的衝擊力之外，沙石互相碰撞亦會磨蝕岩石。

另外，部分岩石礦物也會被海水溶解，以化學方式侵蝕。

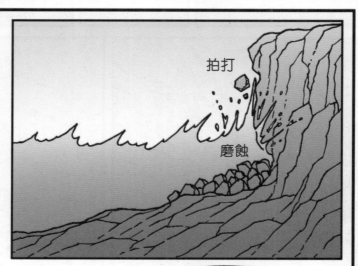

拍打

磨蝕

我帶你們看其他海岸地形吧。

好呀！

當然，這些過程所需時間也是以千萬年計的。

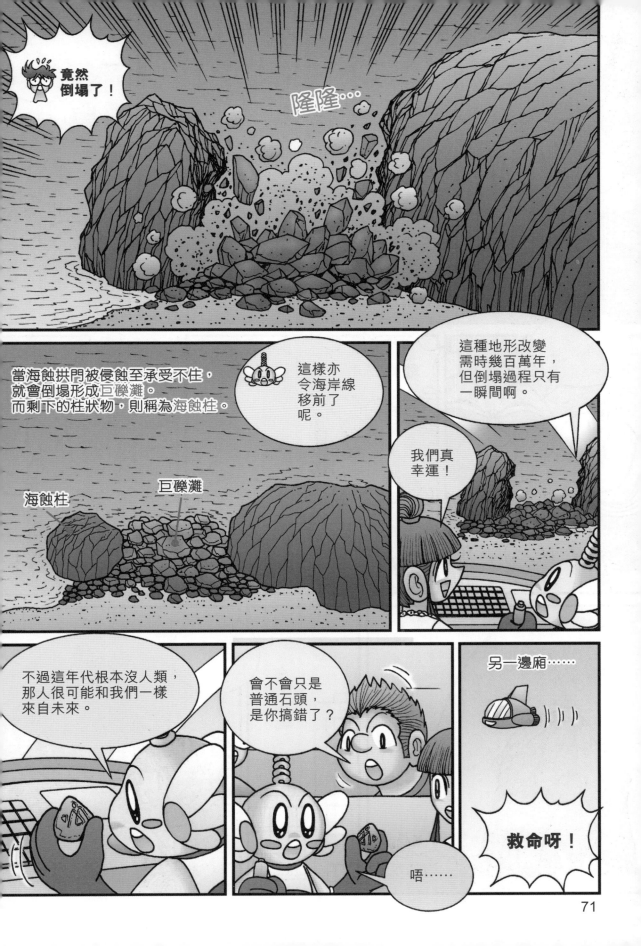

竟然倒塌了！

隆隆···

當海蝕拱門被侵蝕至承受不住，就會倒塌形成巨礫灘。而剩下的柱狀物，則稱為海蝕柱。

這樣亦令海岸線移前了呢。

海蝕柱

巨礫灘

這種地形改變需時幾百萬年，但倒塌過程只有一瞬間啊。

我們真幸運！

不過這年代根本沒人類，那人很可能和我們一樣來自未來。

會不會只是普通石頭，是你搞錯了？

唔······

另一邊廂······

救命呀！

香港柴灣祥利街9號
祥利工業大廈 2 樓 A 室
兒童的科學編輯部收

有科學疑問或有意見、
想參加開心禮物屋，
請填妥問卷，寄給我們！

▼請沿虛線向內摺

請在空格內「✔」出你的選擇。　　　　我購買的版本為：01 □實踐教材版 02 □普通版

給編輯部的話

我的科學疑難/我的天文問題：

開心禮物屋：我選擇的禮物編號 ☐

請沿實線剪下

請沿實線剪下

有關今期內容

Q1：今期主題：「能源科技大揭秘」
03 □非常喜歡　　04 □喜歡　　05 □一般　　06 □不喜歡　　07 □非常不喜歡

Q2：今期教材：「大偵探鹽水+太陽能車」
08 □非常喜歡　　09 □喜歡　　10 □一般　　11 □不喜歡　　12 □非常不喜歡

Q3：你覺得今期「大偵探鹽水+太陽能車」的組合方法容易嗎？
13 □很容易　　14 □容易　　15 □一般　　16 □困難
17 □很困難（困難之處：＿＿＿＿＿＿＿＿）　　18 □沒有教材

Q4：你有做今期的勞作和實驗嗎？
19 □旋轉幾何幻變畫　　　　20 □實驗1：牛油蠟燭
21 □實驗2：麥片和萬字夾的聚散

問　卷

讀者檔案

姓名：	男 女	年齡：	班級：

就讀學校：

居住地址：

聯絡電話：

讀者意見

A 科學實踐專輯：未來守護行動
B 海豚哥哥自然教室：辛勤的黑領椋鳥
C 科學DIY：旋轉幾何幻變畫
D 科學實驗室：早餐科學實驗
E IQ挑戰站
F 大偵探福爾摩斯科學鬥智短篇：芳香的殺意（1）
G WWF特稿：白海豚知多少？
H 誰改變了世界：力與光的巨人（下）——牛頓
I 科技新知：太空旅行不是夢？
J 曹博士信箱：為何嬰兒睡覺時，雙手總是緊握拳頭？
K 天文教室：無限驚喜的土星環
L 開心禮物屋
M 數學研究室：邏輯算死草
N 地球揭秘：香港也有龍捲風？
O 讀者天地
P 科學Q&A：沙灘的誕生

＊請以英文代號回答Q5至Q7

Q5. 你最喜愛的專欄：
第1位 22_____ 第2位 23_____ 第3位 24_____
Q6. 你最不感興趣的專欄：25_____ 原因：26_____
Q7. 你最看不明白的專欄：27_____ 不明白之處：28_____
Q8. 你從何處購買今期《兒童的科學》？
29□訂閱　30□書店　31□報攤　32□便利店　33□網上書店
34□其他：_____
Q9. 你有瀏覽過我們網上書店的網頁www.rightman.net嗎？
35□有　36□沒有
Q10. 你在今年書展購買了甚麼？（可選多於一項）
37□兒童圖書　38□兒童漫畫　39□文具
40□參考書　41□補充練習　42□輔助學習教材
43□電子書　44□玩具精品　45□期刊雜誌
46□其他(請註明)：_____
47□沒有參觀書展